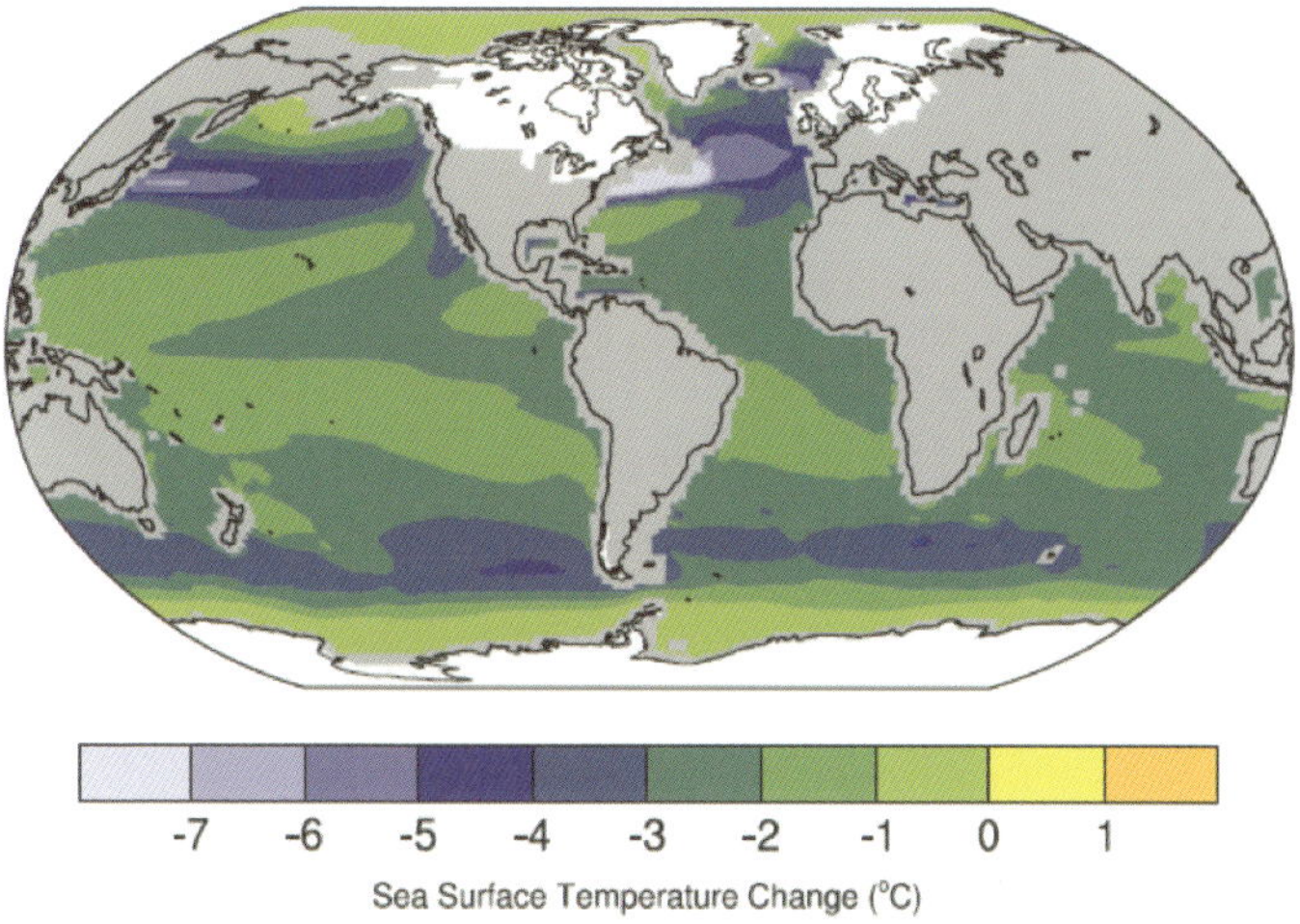

口絵１｜最終氷期についてのシミュレーション結果。図の出典：IPCC AR4（2007）

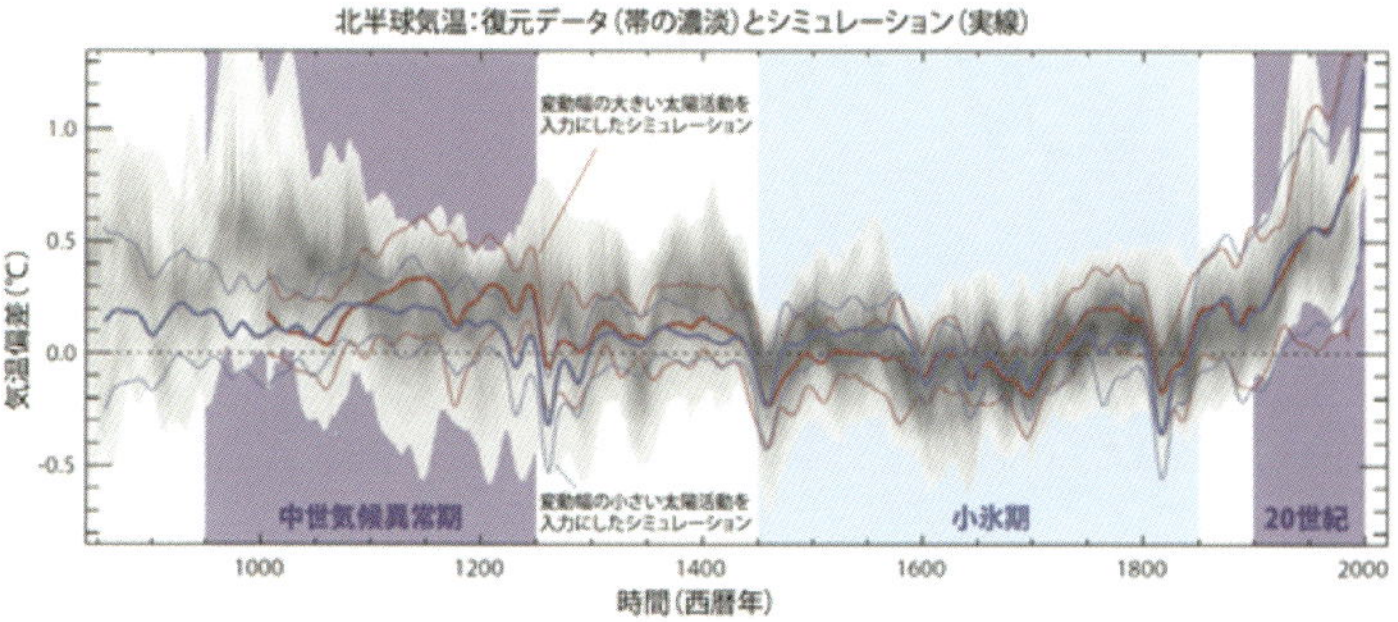

口絵２｜過去約1000年についての復元データ（帯の濃淡）と気候モデルシミュレーション（実線）による北半球平均気温の比較。図の出典：IPCC AR5（2013）

a

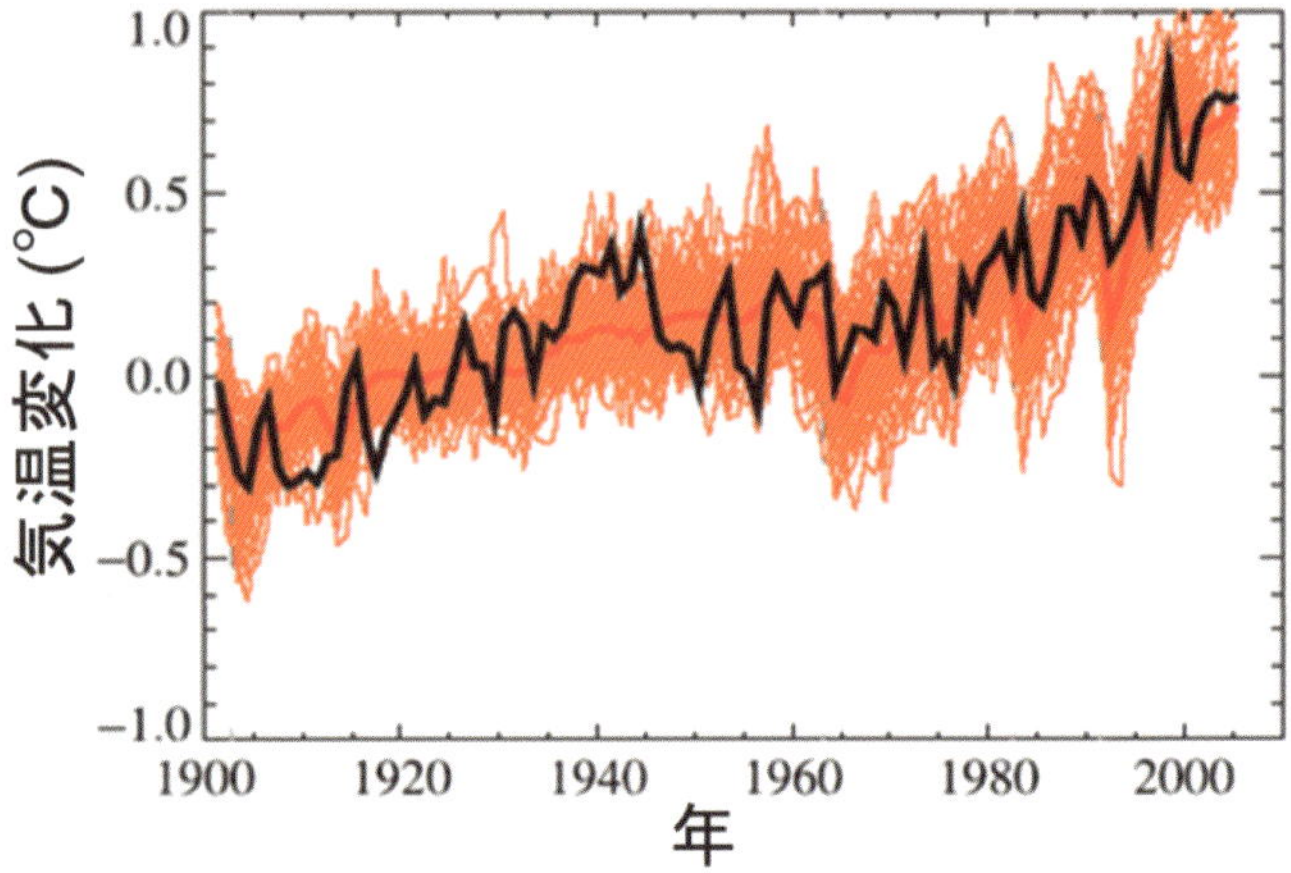

b

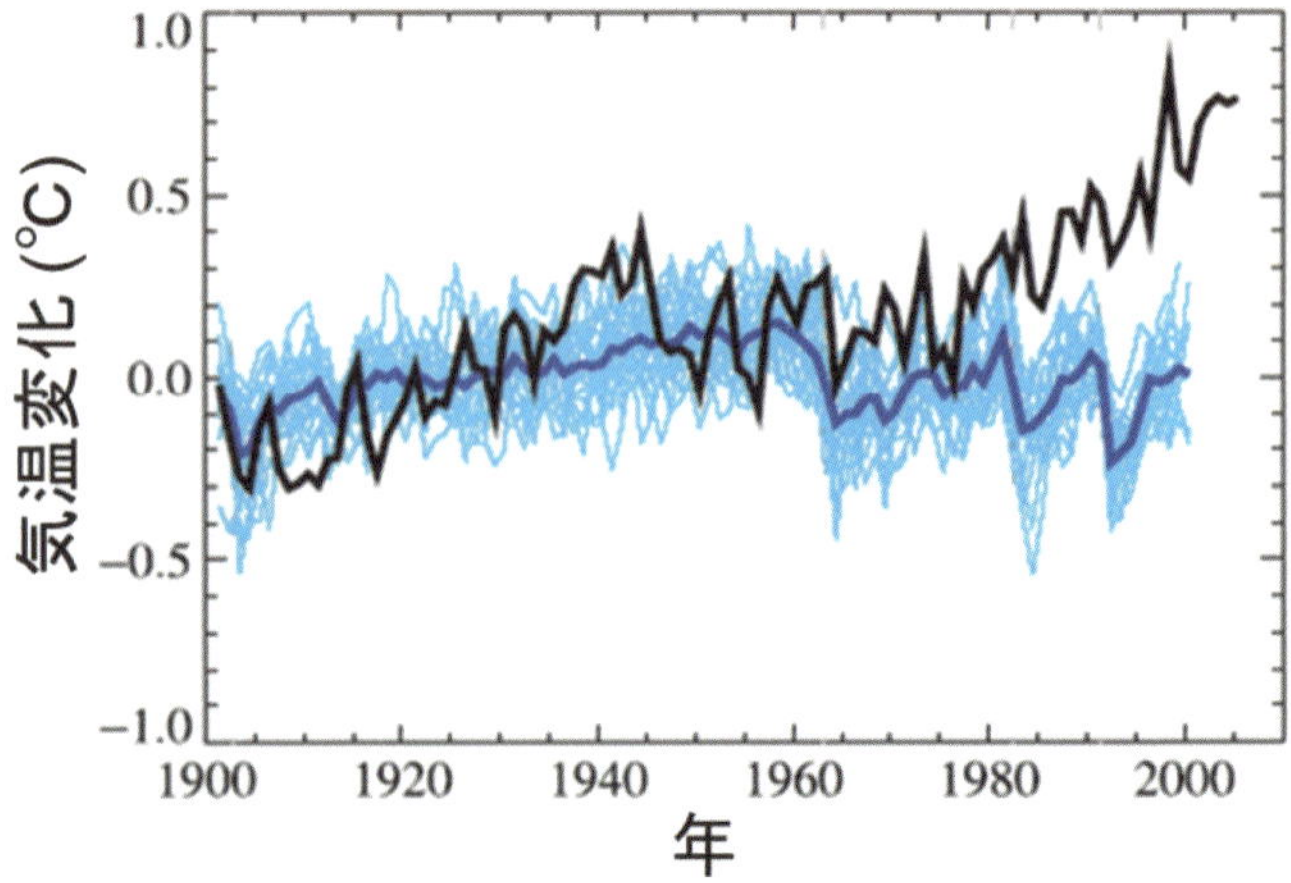

口絵３｜1900 年以降の世界平均の地表面気温の変化（黒実線）と、複数のシミュレーションモデルによる温暖化予測実験結果。(a) 人間活動による CO_2 排出を考慮に入れた場合（オレンジ線）。赤い実線は複数の実験結果の平均。(b) 人間活動による CO_2 排出を考慮に入れない場合（水色線）。青い実線は複数の実験結果の平均。
IPCC 第一作業部会第４次報告書の図を改変

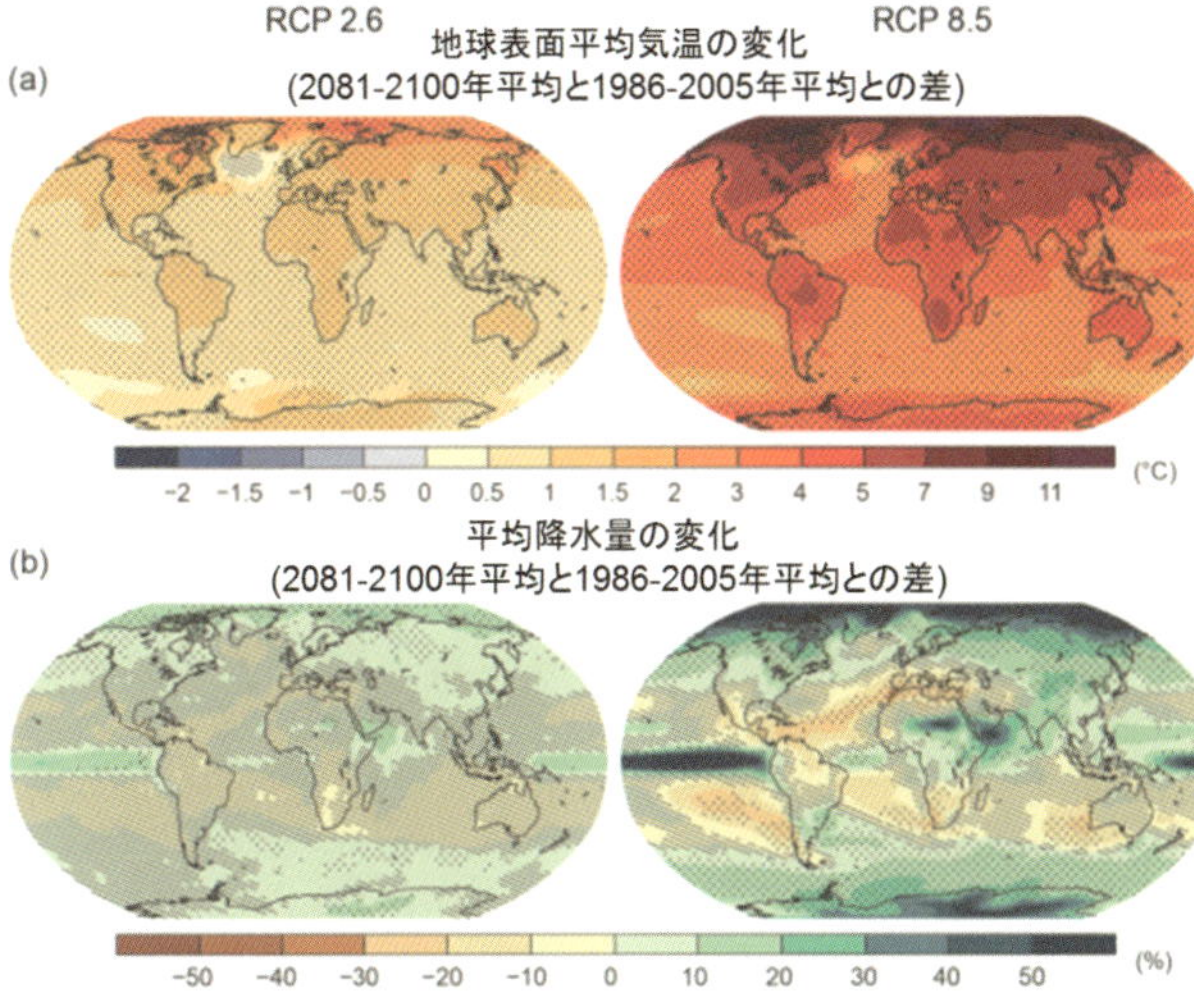

口絵 4 | RCP2.6（二酸化炭素排出が少ない場合）、RCP8.5（多い場合）シナリオの下での、2081 ～ 2100 年における (a) 地表気温変化、(b) 平均降水量の相対変化の予測分布図。第 5 次結合モデル相互比較プロジェクト（CMIP5）に提出された予測結果に基づいた平均値。IPCC 第一作業部会第 5 次報告書 Figure SPM.7 を改変

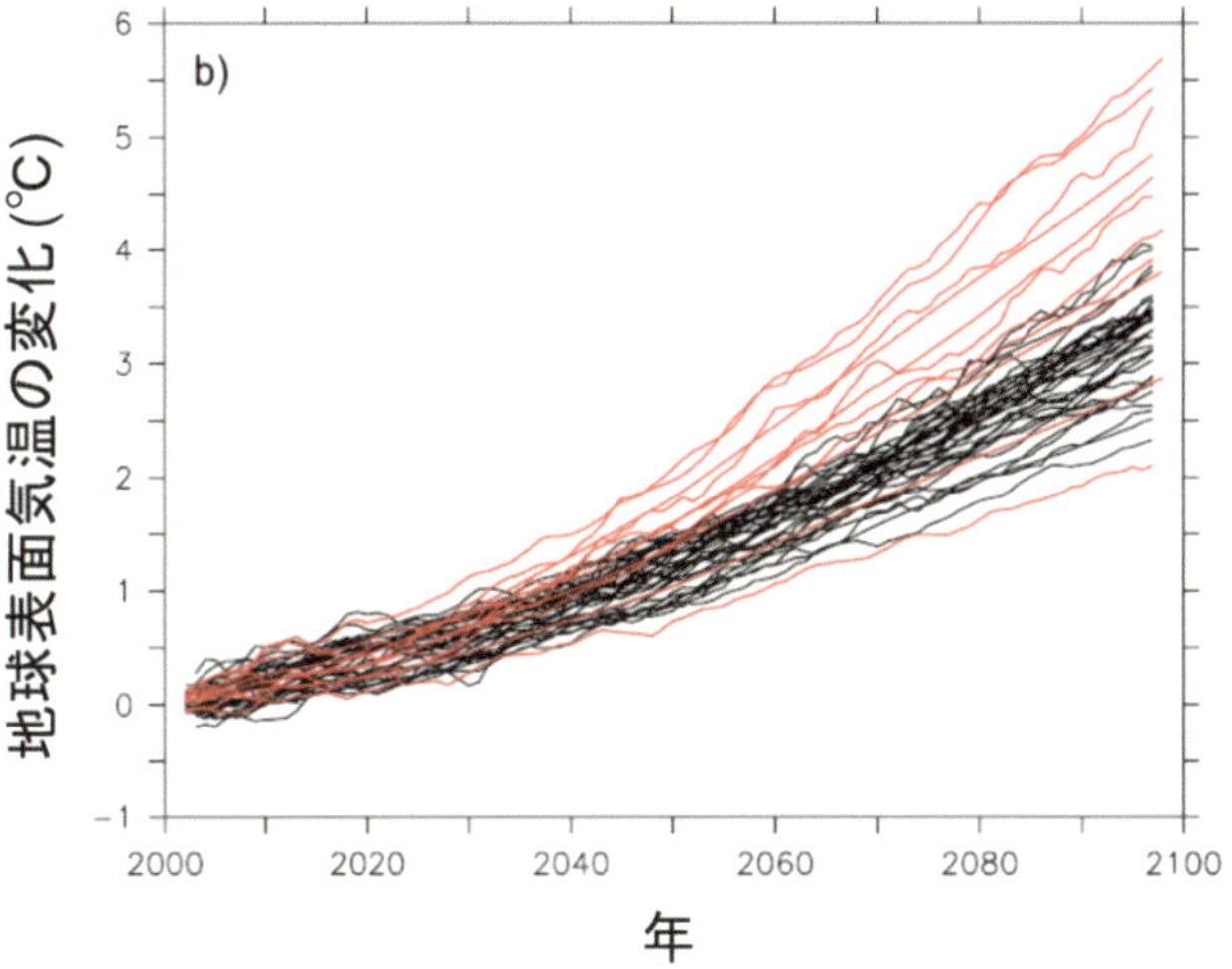

口絵 5 | IPCC 第 4 次報告書（1）における予測結果。炭素循環過程を含まない標準的なモデルによるもの（黒）と、炭素循環過程を含むモデルの予測結果（赤）

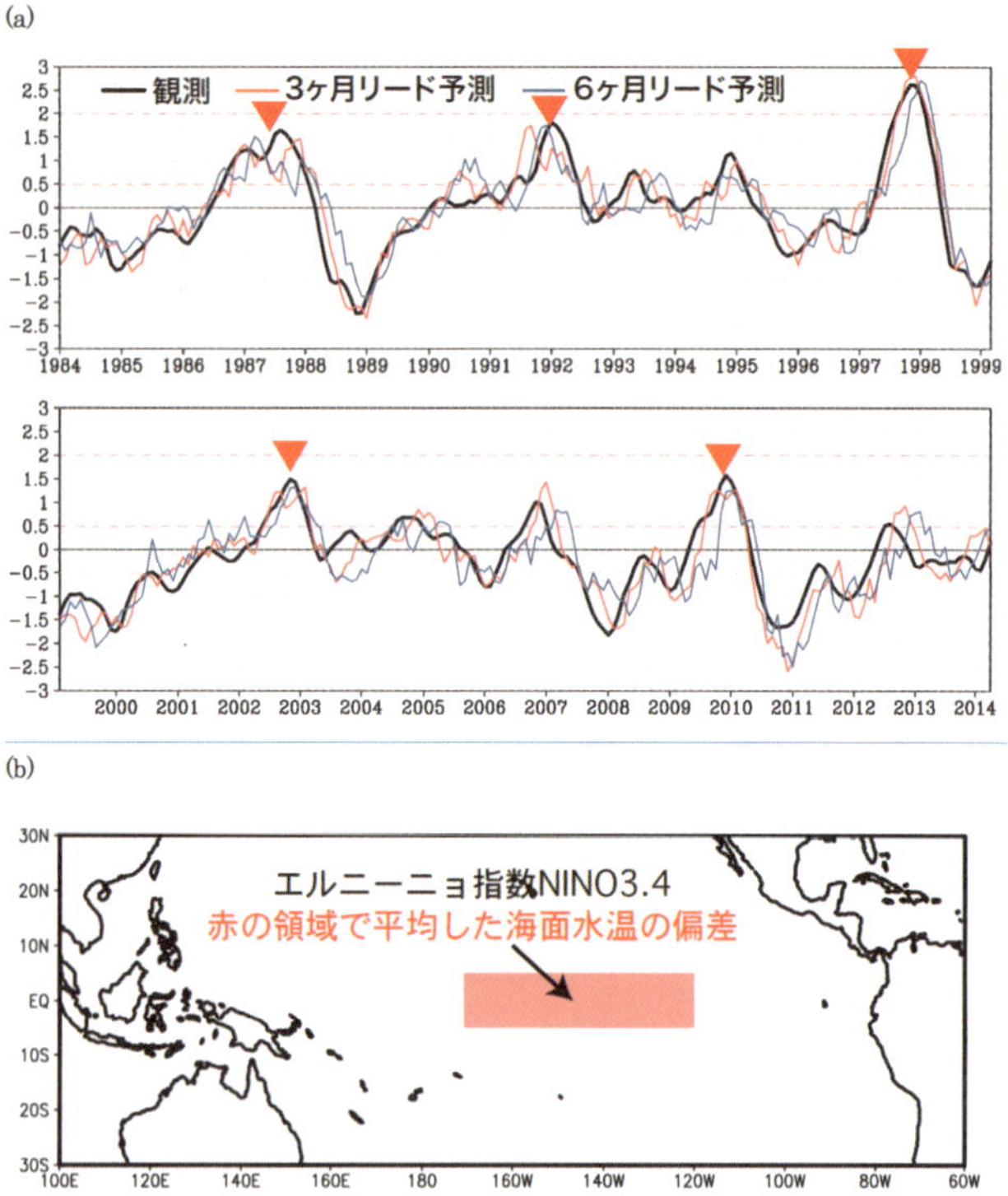

口絵６｜a図は３か月前（赤）、６か月前（青）からの予測結果と観測データ（黒）との比較。b図に示したNINO3.4と呼ばれる太平洋赤道域の海面水温の時系列を示している。図の提供：土井威志博士

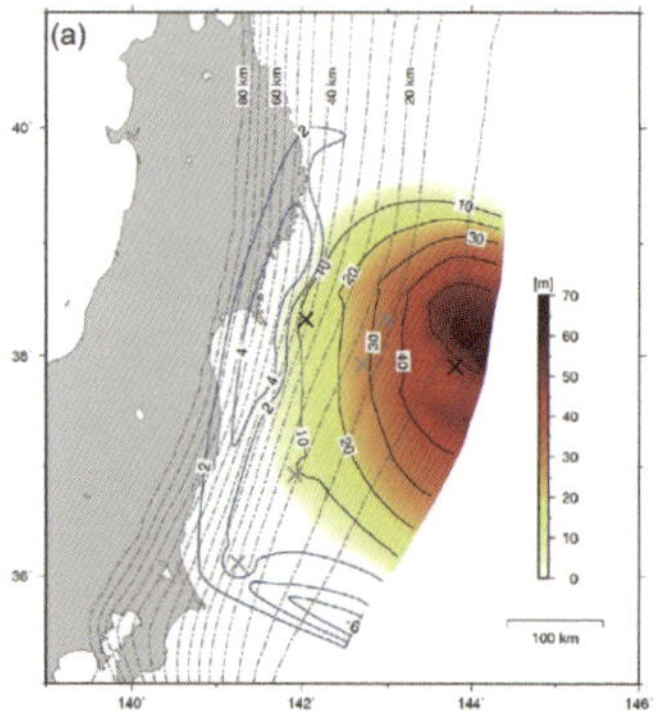

口絵７｜シミュレーションで得られた、M9.1の地震による滑りの分布。暖色系で示したところが地震直後の大きな滑りを、青い等値線で示したところが３年ほどかけてゆっくりと動く余効滑りを表している。図の出典：中田ほか（2016）

シミュレート・ジ・アース

未来を予測する地球科学

河宮未知生
Michio Kawamiya

Simulate
The
Earth

ベレ出版

まえがき

「コンピュータを使って、天気や地震を再現したり予測したりする手法『シミュレーション』について、一般向けの解説書を書いてほしい」という話をいただいたとき、子供の頃よく見た、ヒーローもののテレビアニメ「科学忍者隊ガッチャマン」のことを何とはなしに思い出しました。

世界征服をたくらむ悪の軍団に5人の正義の戦士が立ち向かう、典型的なヒーローもので、このテレビアニメの主題歌に、「地球は一つ、地球は一つ」と同じフレーズを繰り返す一節があります。この一節を、子供なりのセンスで面白いと思って「地球は一つ、つくれば二つ」と替え歌にして大声で歌っていた、痛々しい記憶がよみがえってきたのです。

地球科学において、コンピュータを使ったシミュレーションは、まさにこの「つくれば二つ」を実践したものです。物理や化学など科学の他分野では、室内実験で条件をいろいろ制御して、仮説を証明したり否定したりできますが、たった一つしかない地球を相手にする地球科学では、そういうわけにはいきません。そこで、大気や海洋、地殻などの運動を支配する法則をコンピュータにプログラムのかたちで教え込み、そこで条件を変えた実験を行なうシミュレーション研究が、大きな意味をもってきます。

もちろん、研究手法としてのシミュレーションは他分野でも用いられ、理論や室内実験による研究に匹敵する重要性をもってはいますが、特に地球科学ではその特長がよく発揮されているように思えます。実際、大規模な計算を行なうコンピュータは、地球科学のシミュレーション技術の発達と呼応して発展してきたといってもよいと思います。

本書は、こうした地球の運動を支配する法則とは何か、その法則をどうやってコンピュータに教え込むのか、そうしてできたシミュレーションモデルを使ってどのような研究や業務が行なわれてきたのか、といった内容を、気象や海洋に重点を置き、できるだけ平易な言葉で解説したものです。

第1章では、シミュレーションに欠かせないコンピュータの歴史を概観します。第2章で、気象や海洋の分野で用いられるシミュレーションモデルを構成する法則について説明したあと、第3～7章ではシミュレーションモデルが実際にどのように応用されているのか、現業業務と学術研究の両面から見ていきます。最後の第8章では、地震学を中心に地球科学の諸分野で使われるシミュレーションモデルについても触れたのち、シミュレーション研究の今後の発展について思いを巡らせました。

前提とする知識は多くないので、高校の初歩的な物理の授業を受けたことがある人なら読み進められるでしょう。数式は、ごく簡単な掛け算程度のものがほとんどです。どうかテレビアニメを見るような気軽さで本書を読み進めてください。

とはいえ、内容的には少し難しいことを解説した部分もあるので、つかえてしまうかもしれません。

そんなときは、アニメのヒーローよろしく不屈の精神で読み進めてもよいし、読み飛ばして次の章に進んでしまうのもよいでしょう。各章は比較的独立した内容になっているので、それでも伝わるものがあると思っています。

本書を通じ、2つ目の地球をつくって、自由に条件を変えながら地球の立ち居振る舞いを見て、予測につなげるシミュレーション研究や業務の面白さ、大切さを、少しでも多くのみなさんに理解してもらうことが、筆者の願いです。

第3章 シミュレーションでわかるいまの地球

第6章 シミュレーションで挑む極端現象と異常気象 171

もくじ

第1章 シミュレーションの歴史といま

地球科学で用いられるシミュレーションにとって、欠かせないのがコンピュータです。実際、気象予測はコンピュータの発明直後から最も重要な応用分野の一つとして取り組まれてきました。

この章ではまず、日常いろいろな場面で用いられるシミュレーションという単語の意味を整理して、本書で用いられるシミュレーションの定義を明確にしたいと思います。

それから、気象分野でのシミュレーションとコンピュータが手に手をとるようにして発展してきた様子を見ていきます。気象分野でのシミュレーション発達史では、日本人の活躍も目立ちます。

シミュレーションという概念

「おっと、これはシミュレーションを取られました。相手ボールになります。」

サッカーの試合の中継を見ていると、アナウンサーがこんなふうに話しているのを聞くことがあります。このときのシミュレーションという単語は、サッカーの反則の一つを指します。

ゴールを守っている側が、自陣ゴール付近で体のぶつかり合いを含む反則を犯した場合、攻めている側にペナルティキックの機会が与えられます。ペナルティキックはゴールにほど近い位置からシュートするため、得点につながる確率が非常に高くなります。そのため攻めている側としては、プレー中にシュートして得点を狙うこともさることながら、ペナルティキックを獲得するために相手の反則を誘うことも意識しながら攻撃します。

こうした反則狙いが行きすぎて、反則が起こってもいないのに、さも相手に押されたり足を引っ掛けられたりしたかのように激しく転倒し大げさに痛がったりして、審判をごまかしてしまおうと企むのが、サッカーでいうシミュレーションです。激しい競り合いのなか、とっさの判断で巧みな演技をこなすサッカー選手の身体能力の高さには感心させられますが、反則は反則です。プレーに熱が入ってつい激しくぶつかってしまった、というような反則に比べ、見ていてあまり気持ちのよいものではなく、最近のサッカー界のトレンドとしては、シミュレーションを厳しく取り締まろうという雰囲気があるようです。

ただし、シミュレーションは処罰の対象になるものばかりではありません。筆者は気候のシミュレーションを仕事にしているので、もしすべてのシミュレーションが処罰の対象だとしたら、のんびりこの本を書いている場合ではなくなってしまいます。

主に気象・気候の分野に題材をとりながら、コンピュータを用いたシミュレーションの中身について概説するのが本書の目的ですが、本題に入る前にもう少し、日常生活のなかでシミュレーションという単語がどのように用いられているかを眺め、そこからこの単語が示す概念について考えていきたいと思います。

飛行機のパイロットの訓練のために、フライトシミュレータという機械が利用されます。操縦者の操作に応じて、飛行機をさも操縦しているかのような映像が画面に映し出される設備です。

また、住宅をローンで購入する際には、ファイナンシャルプランナーなどと呼ばれる専門家が、ローン返済のシミュレーションと称して、返済計画とともに定年時の貯蓄額などを予測してくれることがあります。筆者も経験がありますが、「あなたの年収はこれこれ、子供は何人ですから、何歳頃までは毎月いくらぐらい貯金ができて……」などと、普段はぼんやりとしか考えていないことを具体的に見せてくれてたいへん勉強にはなります。ですが、なんだか「あなたの人生こんなもの」と限界を示されているような気もして、ある種の切なさも感じてしまいます。

もうちょっと楽しげな例としては、デートの前日などに、頭の中で一生懸命コースのシミュレーションをした経験をお持ちの読者もいらっしゃるのではないかと思います。待ち合わせのときの最初の一言とか、映画を見た後のカフェでは内容に合わせてこんな話題を出して……、とか。実際にその通りになることはありえないのですが、それでもこうしたシミュレーションを一度しておくかどうかは、デートの成功率に大きな影響を与えるでしょう。

さて、このように多様な場面で耳にするシミュレーションという単語ですが、いずれの場面でも共通するのは、実際には起こっていないことを、何らかの手段を使って似たような状況をつくり出し、何かしらの利益を得ようとしている点です。

シミュレーションという単語は、本来はこのようにかなり広い意味をもつ概念です。こうした広い意味でのシミュレーションであれば、私たちは、毎日の生活のなかで絶えずそれを行ないながら生きているといってもよいくらいでしょう。

本書では、そうした広い意味をもつシミュレーションという言葉で括られる概念のなかでも、地球科学分野で用いられるシミュレーションの中身について、主に気象や気候の分野を題材に説明していきます。そのようなシミュレーションも、広い意味ではデート前日に頭の中で起こっていることと変わりはありません。異なるのは、地球科学分野のシミュレーションが、物理法則や観測データからあぶりだされる経験的な法則に基づいて行なわれ、ときに最先端の大型コンピュータを必要とするといった点でしょうか。デートのたびに、インターネットに接続したパソコンで流行のスポットをチェックすることはあるかもしれませんが、大型コンピュータは使いませんよね（使ったとしても、対象が複雑すぎて、大型コンピュータは何の役にも立たないでしょう）。

シミュレーション事始め

自然現象を対象に、コンピュータを用いたシミュレーションを初めて試みたのは、ヨーロッパの天気予報に取り組んだイギリスのルイス・フライ・リチャードソンだといわれています（図1・1）。気象というよりは数学や物理をもともと専攻していたようで、数学の方程式を計算機で解くための手法を論文としてまとめています。

図1・1｜ルイス・フライ・リチャードソン（1881〜1953）。
図の出典：https://commons.m.wikimedia.org/wiki/File:Lewis_Fry_Richardson.png#mw-jump-to-license

1922年、彼は気象現象を表す方程式にその手法を適用し、結果を著書『数値解析による天気予報』で示しています。「気象現象を表す方程式」については次の第2章で詳しく説明しますが、気圧や気温、風速などが時間とともにどう変化していくかを表す数式のセットです。したがって、この方程式を解くことで、

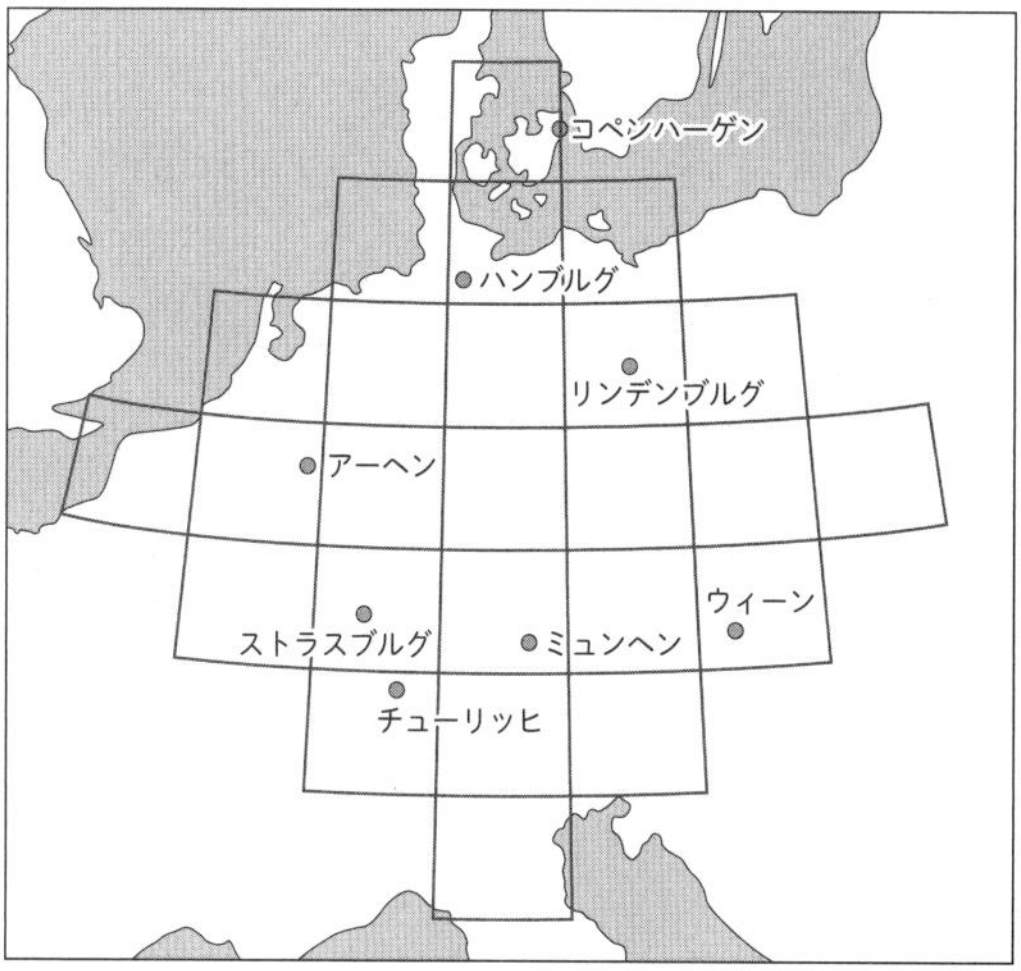

図１・２｜リチャードソンがヨーロッパの天気予報を試みた際に採用したマス目の分け方。Ｍは風速を、Ｐは気圧を計算したマス目。Richardson（1922）をもとに作成

未来の気象の予測、すなわち天気予報ができるはずです。

リチャードソンはヨーロッパを図１・２のようにいくつかのマス目に分け、高さ方向には大気を５層に分けて、それぞれの領域内で風速や気圧の変化を計算しました。

現代の目から見ると、一辺が２００〜３００キロメートルというマス目の分け方はたいへん荒っぽいものです。例えば日本の気象庁が、現在１日先の天気予報を行なう際には、日本付近を一辺５キロメートルのマス目に分けて計算を進めます。つまり、図１・２の

図1・3｜タイガー式計算機。写真提供：（株）タイガー

マス目一つをさらに数千個のマス目にわけて計算することになり、その規模の違いがわかると思います。

規模は大きく違うのですが、空間をマス目に分けて計算する、という考え方そのものは、現代の天気予報で用いられているものと変わりありません。

さて、リチャードソン氏が挑戦した世界最初の天気予報は、成功したのでしょうか？　実は、結果は芳《かんば》しいものではありませんでした。

タイガー式計算機（図1・3）と呼ばれる手動コンピュータを用いて計算を行なったため、6時間後の予報を出すのに

6週間の時間を要しました。それでも、観測された実際の状況と計算結果がよく合っていればまだ救いはありました。が、6時間後の気圧変化が、実際にはほとんど変化がなかったにもかかわらず、145ヘクトパスカルも現実とかけ離れたものになってしまったのです。

このような結果になってしまった原因は、現在ではわかっています。予報のための計算をするには、そのスタート地点として、風速や気圧の現時点での分布をデータとしてコンピュータに与える必要がありますが、この分布を観測データから作成するときの方法に工夫が足りなかったことと、未来の気象を予測する際に、一足飛びにずっと先の時間まで予測しようとしすぎてしまった（専門用語を使っていうと、時間ステップを長くとりすぎた）こと、の2つです。こうした点に注意が必要なことは、リチャードソン氏の試みより後の時代にわかってきたので、彼自身には失敗の理由が判然としなかったことと思います。

ここで普通の人ならめげてしまうところですが、彼自身は、自分の試みが本質的には間違っていないことを、なぜか確信していたようです。その証拠に、失敗に終わったこの試みを紹介した著書のなかで、巨大な円形劇場に6万4000人を集め、指揮者のもと手分けしていっせいに計算を行なえば、北半球全体を2000個のマス目に分けたうえで6時間後の予報を3時間で行なえると述べています。

この構想は「リチャードソンの夢」と呼ばれ、気候のシミュレーションに携わる者であれば誰でも一度は聞いたことのあるエピソードです。突拍子もない夢想のように見えて、実は現代の研究に用いられる大型コンピュータの仕組みにも通ずるものがあります。現代の大型コンピュータは、多数のコンピュータをつないで全体を1台のように扱うことで計算能力を上げています。「リチャードソンの夢」は、こうした仕組みにつながる重要な示唆をもっているとみることもできるでしょう。

自分の試みの問題点は将来克服されることを確信したうえで、こんな壮大な夢を語れるというのは、よほどスケールの大きな人だったのでしょうが、ちょっと変わり者でもあったのでしょうね。彼は数学の分野でも、軍備拡大競争を数学の問題として解いたり、海岸線の長さの測り方に関して考察を巡らし、現代数学におけるフラクタル論の原型ともいえる業績をあげたりといった、一風変わった対象を題材に選ぶことが多かったようです。

コンピュータの発明

リチャードソンの試みの後30年ほどは、天気予報をコンピュータによるシミュレーションで行なったという記録はありません。ただし天気予報そのものは進歩し、天気図に現れる高気圧、低気圧の動きから経験的に天気を予報する技術が発達します。また、そうした高気圧や低気圧の発達の様子を決める物理法則についての理解も進みます。

1週間から数週間の時間をかけてヨーロッパ大陸を通過するような気圧の変化と、1日くらいでさっと駆け抜けて消えていく変化とがあり、天気予報に重要なのは前者の比較的ゆっくりした変化であることがわかってきます。リチャードソンの失敗の原因の一つは、この時間スケールの違う変化をきちんと分けて考えなかったことだったのです。

さて、リチャードソンが失敗にくじけず夢を語った1922年前後の数十年間というのは、歴史的に見て決して明るい時代とはいえません。1914年には第1次世界大戦が勃発し、1918年まで続きます。第1次大戦後に続いた世界秩序構築の努力

図1・4 | ENIACを操作している様子。図の出典：https://commons.m.wikimedia.org/wiki/File:Two_women_operating_ENIAC.gif#mw-jump-to-license

も、1929年の世界大恐慌で歯車が狂い始め、1939年の第2次世界大戦へとつながります。

戦争は、人類が営々として築きあげてきた文明と文化の遺産を破壊する行為で、多くの人々に不幸をもたらしますが、皮肉なことに人類が最も知恵を絞って勝利を得ようとする対象の一つでもあります。コンピュータについても、砲弾の軌道を正確に予測したり、暗号を解読したりする必要性から、開発が急ピッチで進みます。

このような時代背景のなか、ペンシルベニア大学の研究室でモークリー教授とエッカート技師を中心としたプロジェクトが進み、ENIAC（エニアック）と名づけられたコンピュータが完成します（図1・4）。真空管に電流が通っているか、いないかで1と0を表し、それをもとにすべての数を表現するという、大枠としては現在のコンピュータでも採用されているアイディアをもとに設計されており、その後のコンピュータの開発の源流を形づくりました。ただし幸か不幸か、ＥＮＩＡＣが完成したのは戦後の１９４６年なので、ＥＮＩＡＣが実際の戦争で使われることはありませんでした。

他にも同時期に、ＥＮＩＡＣと同様のアイディアでアイオワ州立大学でもコンピュータの設計がなされ、試作品の作成にとりかかっていました。完成には至らなかったものの、ＥＮＩＡＣ開発者らが開発中にアイオワ州立大学の研究者のもとを訪ねて議論を交わしたことがあり、ひょっとしたらＥＮＩＡＣの基本的アイディアはこうした議論のなかから生まれてきたのかもしれません。

また、イギリスではコロッサスと名づけられた暗号解読専用コンピュータがつくられていました。コロッサスが完成したのは１９４３年のことで、１９４５年に第2次世界大戦が終わるまでに10台が製作され、実戦にも使われたようです。しかし、コロッサスはその存在自体が軍事機密として取り扱われ、機密保持のためハードウェアと設計図のほとんどが破棄されてしまっています。

このように、戦争を契機として同時期に複数の開発プロジェクトが進行していたため、世界最初のコンピュータの発明者は誰か、という問いは、厳密に考えると答えるのが難しい質問ではありません。しかし、世界で最初に実用に供され、またその後のコンピュータ開発につながる流れをつくり、今日の発展の礎を築いたのがＥＮＩＡＣの開発プロジェクトであることから、ＥＮＩＡＣを世界最初のコンピュータとして扱うケースが多いようです。

数値シミュレーションの発展と日本人の活躍

相対性理論を提唱したアインシュタインや、ＤＮＡの二重らせん構造を解明したワトソン、クリックとならび、20世紀における科学の発展を語るうえで欠かせない人物の一人に、ハンガリー生まれのジョン・フォン・ノイマンがいます。ノイマンは、原子や電子といったミクロの世界の物理法則をつかさどる量子力学の研究や、コンピュータに囲碁や将棋の対局をさせたりするときなどの考え方の基礎をなす理論（ゲー

ム理論と呼ばれます）の成立に貢献するなど、多彩な分野で数々の業績を残していま
す。原子爆弾の開発プロジェクトにも重要な足跡を残しており、日本との因縁も浅か
らぬものがあります。

彼はＥＮＩＡＣの開発プロジェクトに途中から参加しましたが、その完成後、コンピュータの有効な活用先の一つとして天気予報に着目し、チャーニー、フィヨルトフトといった気象学者らとともに、リチャードソンの試み以来30年近い時を隔て、気象の数値シミュレーションに再び取り掛かります。この30年近くの間に気象の研究も進み、リチャードソンの失敗の原因はわかっていたので、数千キロメートル規模の大きさをもつ高低気圧の移動の様子をうまく再現することができました。１９５０年のことです。

これをきっかけに、シミュレーションによる天気予報の技術が発達し、１９５０年代後半にはアメリカや日本で、日々の天気予報にシミュレーションが取り入れられます。世界の国々を見渡すと、１９６０年代以降になって天気予報へシミュレーションが導入されている例が多く、１９５０年代ではアメリカと日本のほか、スウェーデンと旧ソ連くらいしか見当たりません。

変なところでまた戦争の話を持ち出してしまいますが、第2次世界大戦で敗戦国側(いわゆる枢軸国側)にいた国のなかでは日本が最初です。正野重方《しょうのしげかた》、岸保勘三郎《がんぼかんざぶろう》といった、終戦直後の気象学をリードした先達たちの慧眼の賜物ですが、天気予報は気象庁が担当する業務であり、官庁の現業に当時最先端の科学成果を導入するという改革は、簡単なものではありません。戦争の記憶がまだまだ生々しかったであろう1950年代に、シミュレーションの将来性を見抜いたリーダーたちもさることながら、彼らを支えた多くの名もなき日本人たちの努力にも頭が下がり、また誇らしくも思います。

気象のシミュレーションが発達するにつれ、ヨーロッパや北米、東アジアといった、世界の一部についての天気予報だけではなく、太陽から受け取ったエネルギーをもとに、温められた空気が上昇するなどして発生する地球全体の大気の流れがどのように形成されるか、という学問的な問題をシミュレーションで研究するためのコンピュータプログラムの開発も並行して進みます。

「プログラム」というのはコンピュータへの命令を系統立てて記述したもので、自然現象をシミュレーションで表現するためのプログラムは「シミュレーションモデル」

と呼ばれます。特に、大規模な大気の流れを対象としたシミュレーションモデルを大気大循環モデルと呼びますが、この時代に開発された大気大循環モデルは、今日では地球温暖化など、地球規模の問題を考察するための重要な研究ツールの源流となっています。

当初、大気大循環モデルの開発はアメリカの研究所で行なわれましたが、そこでは多くの日本人が中心的役割を担って活躍していました。アメリカ海洋大気庁の地球流体力学研究所に在籍し、大気に加えて海洋の動きも取り入れたシミュレーションプログラムを世界で最初に開発した真鍋淑郎や、カリフォルニア大学ロサンゼルス校（UCLA）に在籍し、熱帯域で入道雲を発生させる大気の対流活動のシミュレーションモデルへの導入に関する研究で有名な荒川昭夫、アメリカ大気研究センターに在籍し、同センターの大気大循環モデル開発立ち上げの中心的存在となった笠原彰などです。この三人は気象・気候のシミュレーションの分野ではほとんど歴史上の巨人といって構わないのですが、現在も活発に研究活動に携わっていて、その活力には目を見張らされます。

この時期、最先端の研究環境を求め、他にもここで挙げきれないくらい多くの気象や海洋の若い研究者がアメリカに渡り活躍しました。いまの時代から振り返ると、終戦後の混乱のなかで、最新の知識を取り入れながらも国内に留まって体制を立て直そうとした研究者と、国内組の薫陶《くんとう》を受けながらもアメリカに渡って、最先端の科学を肌で感じ発展させようとした人たちとが、よくできたドラマのように見事に調和してこの分野の発展を担ったかのようにも思えます。

コンピュータの発展と数値シミュレーション

こうした気象や海洋のシミュレーションモデルの発展は、並行して発展してきたコンピュータの技術に支えられています。

ＥＮＩＡＣの完成後、コンピュータをさらに発展させるための構想をまとめた報告書が、前出のノイマンの名のもとで提出されています。この報告書では、コンピュータを、計算を行なう部分、計算順序を制御する部分、数値や命令を格納する部分、データの入力装置、結果の出力装置、の５つの要素で構成することが提案されています。

この構成は、その後もう少し整理されているものの、基本的には現在でもほとんどのコンピュータで採用されており、こうした構成をもつコンピュータをノイマン型と呼びます。

余談ですが、その後のコンピュータ開発に大きな影響を与えたこの報告書は、前出のペンシルベニア大学のモークリーとエッカートを含む開発グループのなかでの議論がベースになっていると思われるのに、著者として記載されているのはノイマンただ一人です。モークリーやエッカートとしては面白くないと感じたのでしょうか、開発チームを離れます。そのため、ＥＮＩＡＣの次のコンピュータをノイマン型の構想に沿って開発する計画は遅れ、そうこうしているうちに、イギリスのケンブリッジ大学にいたウィルクスがノイマン型コンピュータをつくってしまいます。

「悪魔の頭脳」と称せられたほどの明断な頭脳をもっていたノイマンですが、ここでは段取りを間違えたようで、世界最初のノイマン型コンピュータ開発者の栄誉は、ウィルクスに帰することになります。

とはいえ、著者としてノイマン一人が記載されていたことで現在のほとんどのコンピュータがもつ構造がノイマン型と呼ばれているわけですから、彼自身の名声を高め

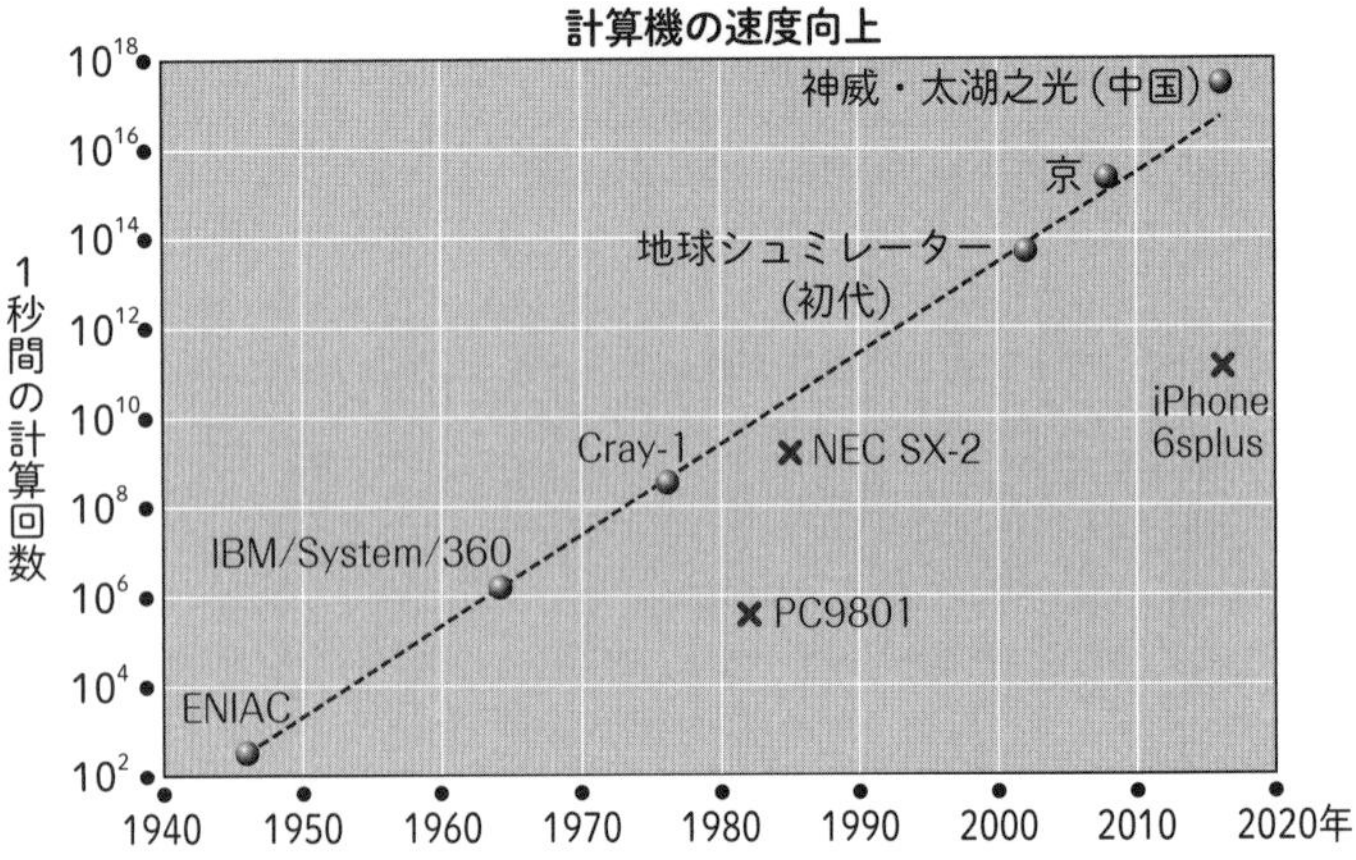

図１・５｜コンピュータの計算速度の向上の様子。丸印でそれぞれの年代で最高クラスの計算性能をもつスーパーコンピュータの計算速度を、×印で個人所有可能な計算機（パソコン、スマートフォン）の計算速度を示した。点線は、ムーアの法則にしたがって計算速度が向上した場合を表す

たという意味では、このやり方もあながち間違いとはいえないかもしれません。

また、ウィルクスがノイマン型コンピュータを完成したのが１９４９年、ノイマンがＥＮＩＡＣを用いて気象のシミュレーションを成功させたのが１９５０年ですから、ノイマンもこちらの準備で忙しかったのかもしれませんね。

話を戻しましょう。この報告書が出された後、ノイマン型コンピュータは長足の進歩を遂げます。図１・５は、１９４０年代から２０１０年

代までのコンピュータの計算速度の変化を表したグラフです。年を経るにしたがい、計算速度が文字通り桁違いの速さになっていることがわかります。コンピュータ開発の分野では、ムーアの法則と呼ばれる経験則があり、およそ18か月で2倍のペースで計算速度が向上するといわれていて、実際、ＥＮＩＡＣ以降現在までよく成り立っています。

例えば、いつぞや「2位じゃだめですか？」という発言に絡んで有名になったスーパーコンピュータ「京」とＥＮＩＡＣを比べてみましょう。コンピュータの計算速度を測るときには、Ｆｌｏｐｓ（フロップス）という単位を用います。１秒間に何回計算ができるか、という尺度で、ＥＮＩＡＣの計算速度は３００Ｆｌｏｐｓに相当するといわれています。ＥＮＩＡＣの完成が１９４６年で、「京」が２０１２年ですから、その間の時間はおよそ66年＝７９２か月です。７９２÷18は44ですから、ムーアの法則によれば、この間に計算速度は2の44乗倍になっているはずです。ＥＮＩＡＣが３００Ｆｌｏｐｓですから、お手元の計算機で３００×2^{44}を計算していただければわかりますが、5×10^{15}Ｆｌｏｐｓ（5Ｐ《ペタ》Ｆｌｏｐｓと表記します）ほどになります。「京」の計算速度はその名の通り、１秒間に1京回、つまり10ＰＦｌｏｐｓですから、

ＥＮＩＡＣ以来「京」まで、ほぼムーアの法則に沿って計算速度が向上していることが理解できるでしょう。

また図１・５には、パソコンやスマートフォンなど、個人でも買うことができる計算機の性能も×印で示しておきました。この図から、初期のパソコンであるＰＣ９８０１と、当時のスーパーコンピュータCray-1やNEC SX-2の間には1万倍、スマートフォン（iPhone 6s plus）と「京」の間には10万倍の開きがあることがわかります。と同時に、スマートフォンは30年前のスーパーコンピュータ、SX-2より計算性能が高いことも見て取れます。

日進月歩の計算機開発の激しさを象徴するデータといえますが、コンピュータの中枢部に使用する素材の小型化の限界から、このムーアの法則にしたがった計算速度向上も、ここ10年くらいの間には限界に達するのではないかという人もいます。

このように、これまでのところ、ものすごい勢いでコンピュータが高性能化するのに伴い、シミュレーションモデルもどんどん高度化されています。図１・６は、第５章で述べる地球温暖化予測モデルの典型的な解像度の変遷を示しています。原図は地球温暖化に関する国際的な報告書（ＩＰＣＣ第４次報告書）に掲載された図で、日本が含まれていないのがいささか残念ではありますが、年代が下るにつれ、計算機の発展とともに解像度が向上している様子が実感できると思います。１９９０年代初め頃の解像度（〝ＦＡＲ〟と記された図）では、一見してこれがヨーロッパの地形だとわかる人は少ないと思いますが、２０００年代後半の解像度（〝ＡＲ４〟と記された図）であればすぐにわかるでしょう。さらに、２０１０年代後半の現在では、50キロ

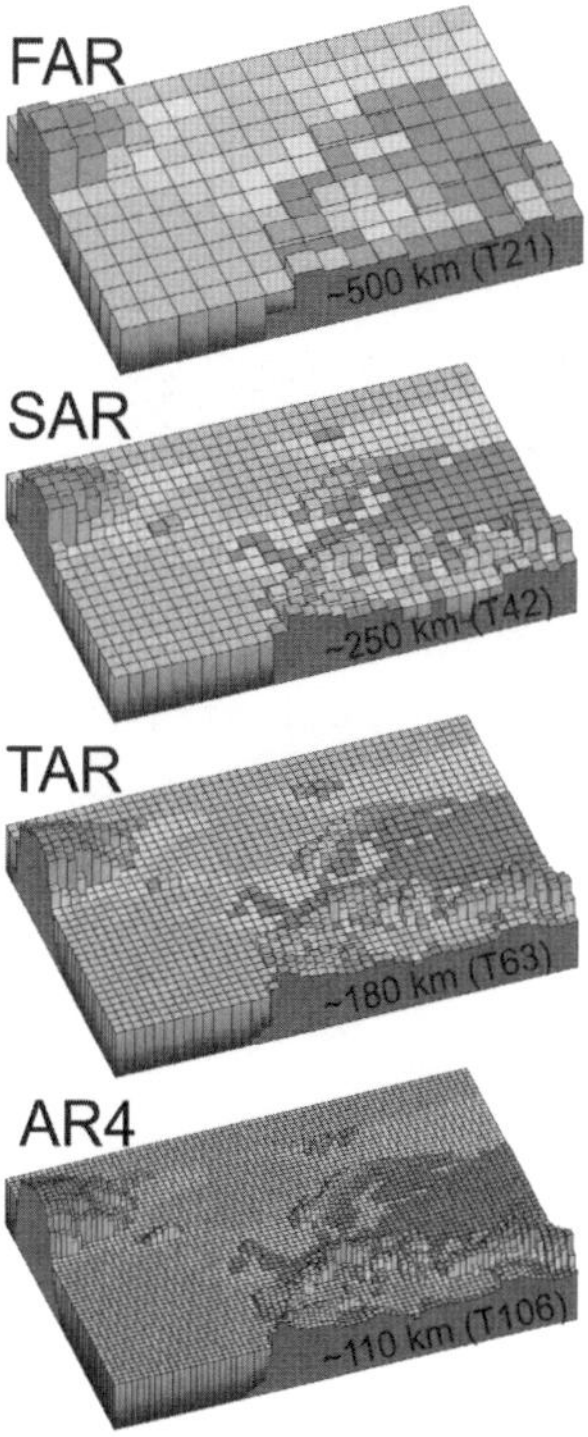

図1・6 | 地球温暖化予測に使われるシミュレーションモデルの典型的解像度の変遷。FARは1990年に発行されたIPCC第1次報告書（First Assessment Report）を表し、その頃に採用されていた解像度でヨーロッパを表現している。以降、SAR、TAR、AR4はそれぞれ第2、3、4次報告書を表す。SARは1996年、TARは2001年、AR4は2007年にそれぞれ発行された。図の出典：IPCC第4次評価報告書（2007）

図1・7｜地球全体を0.87kmのマス目に区切ってシミュレートした、2012年8月下旬の雲の様子。図の出典：宮本ほか（2013年）

メートル程度の解像度を採用しているケースが多くなっています。

また、100年ほども先の予測をする地球温暖化予測モデルではなく、数日程度といった短い期間の予測を行なうシミュレーションモデルであれば、より細かな解像度を採用することも可能です。

例えば図1・7は、スーパーコンピュータ「京」を用い、NICAMと呼ばれるシミュレーションモデルで計算した雲の分布です。日本の南方を通過中の台風や、熱帯域での大気の上下運動で形成されるポツポツとした雲や、日本の東方海上で低気圧に伴う雲が形成されている様子が本物そっくりに再現されています。

この図は地球全体を一辺0・87キロメートルのマス目に区切って行なったシミュレーション結果

です。図1・2で示したマス目が一辺200〜300キロメートルでヨーロッパ周辺をカバーしていたわけですから、より広い計算領域を対象に、格段にきめ細かな計算ができるようになっていることがわかると思います。NICAMについてはのちの章であらためて詳しく説明します。

また、小さいマス目で計算を行なうだけでなく、例えば森林が地球環境の形成と維持に果たす役割など、生き物の働きも含んだ複雑な過程を考慮するためにも、計算能力の向上は活かされています。

次章以降で、こうしたシミュレーションプログラムがどのようにしてつくられているか、またそれを活用してどのように社会に役立っているか、学問的に面白いことがわかるかといった話題をみていきたいと思います。

参考文献

時岡達志、山岬正紀、佐藤信夫（１９９３）『気象の数値シミュレーション』東京大学出版会、２４７ページ。

新田 尚（２００９）『数値予報の歴史 —— 数値予報開始50周年を迎えて』「天気」56（11）、８９４－８９９。

姫野龍太郎（２０１２）『絵でわかるスーパーコンピュータ』講談社、１７６ページ。

古川武彦（２０１２）『人と技術で語る天気予報史 —— 数値予報を開いた〝金色の鍵〟』東京大学出版会、２９９ページ。

山田 博（２０００）『スーパーコンピュータ』裳華房、１２３ページ。

Yoshiaki Miyamoto, Yoshiyuki Kajikawa, Ryuji Yoshida, Tsuyoshi Yamaura, Hisashi Yashiro, and Hirofumi Tomita (2013) Deep moist atmospheric convection in a subkilometer global simulation, *Geophysical Research Letters*, 40, 4922-4926, doi:10.1002/grl.50944.

第2章 シミュレーションの原理と仕組み

本書では、気象や海洋の分野で用いられるシミュレーションについて見ていきます。天気予報や温暖化予測などさまざまな目的で用いられますが、基礎となる原理は、どの目的で用いられるシミュレーションでも共通しています。本章では、

そうした共通原理について説明します。それとともに、現実の大気や海洋を再現し予測するためには共通原理だけでは押し通せない部分もあること、そうした問題に対処するための工夫がいろいろとなされていること、などについても述べていきます。

身近なシミュレーション

前章で述べたとおり、現代の天気予報ではシミュレーションが大々的に取り入れられています。テレビの天気予報では、気圧配置や雨の分布などが次の日までにどう変化するか、アニメーションのように連続的に変化の様子を示すことがありますが、あした画像もシミュレーションの結果を動画にしたものです。

明治17（1884）年に開始された当初は予報官がもつ経験や知見に頼るところが多く、技術というよりは技芸的な側面も強かった天気予報ですが、130年以上の歴史を重ねた現在では、予報官が最も重要視する情報の一つはシミュレーションによる予測結果です。

大きなコンピュータを用いたシミュレーション、などというと、日常生活とは縁遠いような気がするかもしれませんが、私たちは毎日のようにシミュレーションの結果を目にしているわけです。

他に、気象や気候に関するシミュレーションでなじみ深いものといえば、地球温暖化の予測シミュレーションでしょうか。「このままのペースで二酸化炭素の排出量が増大すると、何年後には何℃の気温上昇が見込まれている」といった表現をテレビなどで見聞きしたことがある方も多いと思いますが、そうした情報も、二酸化炭素の濃度が増えていったときの様子をシミュレーションで予測することにより出されているものです。

また、一般の方々が大規模なシミュレーションの結果を比較的容易に見ることのできる例として、大気汚染物質として耳にすることの多いＰＭ２・５の予測を挙げておきます。ＰＭ２・５とは、大気中を漂う微粒子のなかでも特に小さなクラスのものを指し、呼吸によって人の体内に取り込まれると肺の奥深くまで入り込み、さまざまな健康被害をもたらす可能性のあることが知られています。ＰＭ２・５の予測情報を提供している機関は国内にいくつか存在します。例えばＮＨＫではhttp://www3.nhk.or.jp/news/taiki/から、１週間先までの日本周辺のＰＭ２・５分布の予測を配信しています。カーソルの操作で予測結果が動画状に示され、逆回しもできるようになっているので、マウスをいじりながらひとしきり楽しむことができます。

こうしたシミュレーションモデルが、いったいどのような原理・原則に基づいてつくられているのかを、詳しく見ていくのが本章の目的です。

結論をかいつまんでいってしまうと、気象や気候を決める数式をコンピュータに解かせる、ということに尽きるのですが、ではその、気象や気候を決める数式というのは、いったいどういうものなのでしょう。

日々の天気の移り変わりを見ていて、勝手気ままに方向を変える風の様子や空を漂う雲から、物理や数学に出てくる数式を連想することは少ないかもしれません。が、実はこれらはすべて物理現象であり、物理法則を土台とした数式で表現することが可能なのです。

気象や気候を決める数式は、数は多いものの、一つ一つの中身はそれほど特別なものではなく、学校で誰でも習うこと、誰でも日常で経験してわかっていることを、いかめしく数式で表しただけ、というものが少なくありません。以下で、そうした数式のうちのいくつかを説明していきます。

気象や気候を表す数式

1 状態方程式と運動方程式

まず、風の吹く向きや強さを決める数式についてです。これは、「ニュートンの運動方程式」が土台になっています。ボールを放り投げたときに、ボールがたどる軌跡が放物線と呼ばれる曲線（$y = ax^2$で表される曲線）になると聞いたことがある方も多いと思いますが、こうした性質も、やはりニュートンの運動方程式から計算で求めることができます。

物質が取り得る形態には、ボールのような「固体」のほかに、「液体」、「気体」の合わせて3つがあります。力が加わると「移動する」というよりは「流れる」運動をする液体と気体をまとめて「流体」と呼びます。大気などの流体にニュートンの運動方程式を当てはめるときには、粘っこい流体（はちみつなど）は力を加えても流れにくく、さらさらの流体（水など）は流れやすいといった、流体特有の性質なども加味して変形した「ナビエ＝ストークスの方程式」が用いられますが、両者は本質的には変わらず、

（力）＝（重さ）×（加速度）

のかたちで表されます。物体にかかっている力が強いほど、その物体には大きな加速度がついて移動のスピードがどんどん上がっていく、しかもそのスピードは物体が軽いほど上がりやすい、というのがこの式の意味ですから、本格的に物理を勉強したことがなくても、直感的な理解は可能ではないでしょうか。

さて、このニュートンの運動方程式を大気にあてはめた場合、「加速度」は時間とともに風速が変化する度合いを、「重さ」は大気の密度を表します。暖かい空気は膨張し密度が低く、冷たい空気は収縮して密度が高くなるということはみなさんご存じかと思います。こうした密度の変化は、高校の化学などで習う「気体の状態方程式」によって表されますが、ニュートンの運動方程式を通じ、空気の塊に力が加わったときの風の吹き方にも関係があることがわかります。

最後に「力」にあたるものですが、これにはいろいろなものがあります。一つには、場所ごとの気圧の違いにより引き起こされる力があります。気圧という用語は天気予報でみなさんお馴染みと思いますが、これが高いと空気がギュッと詰まっている状態

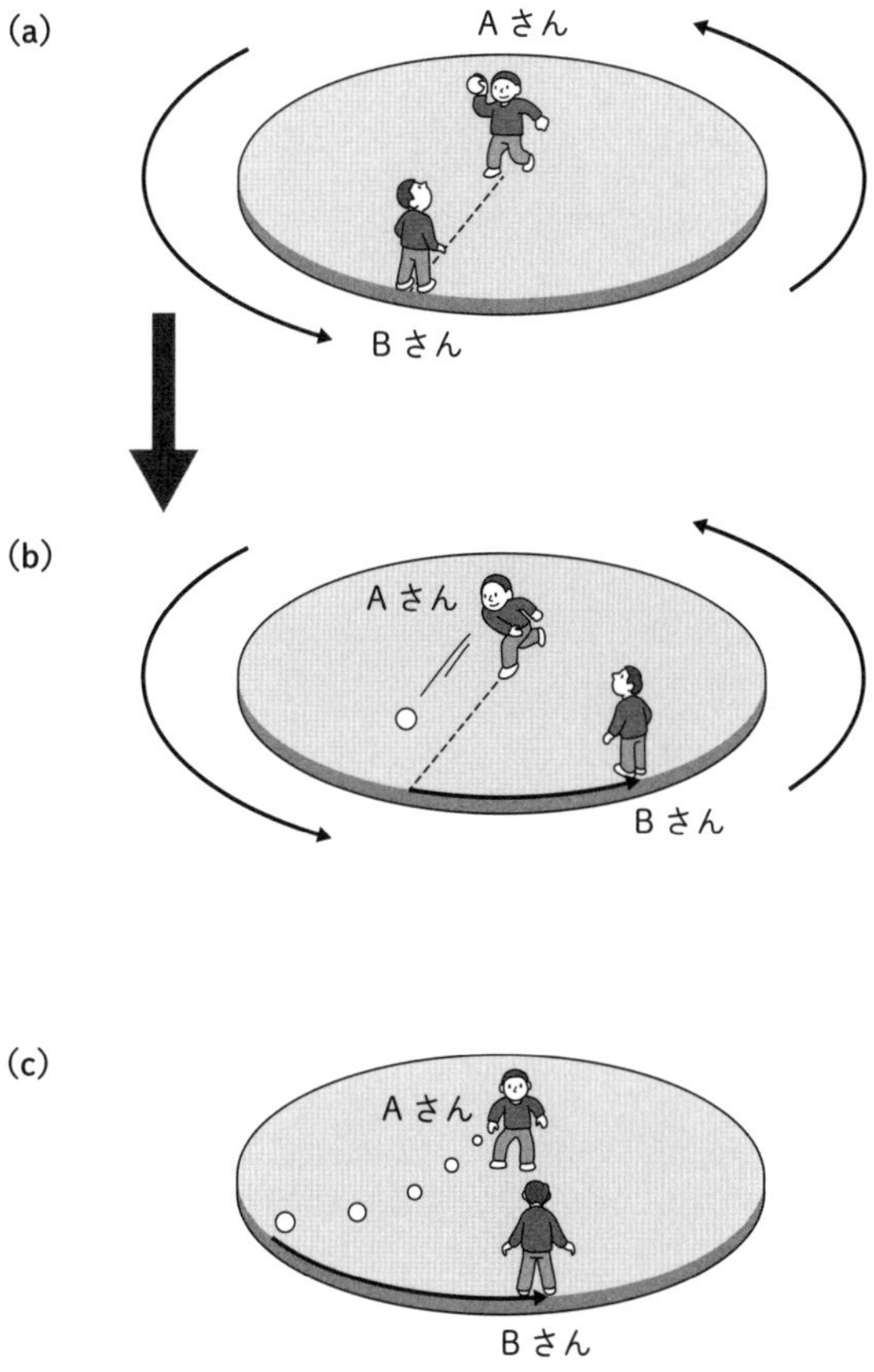

図２・１｜コリオリ力の説明。左回転する円盤の中心に立つ A さんが、端に立つ B さんに向かって点線の矢印の方向にボールが飛ぶよう投げた場合 (a)、ボールが端につく頃には B さんは移動してしまっており、ボールを受け取ることができない (b)。このとき、円盤に乗っている A さん・B さんから見ると、ボールの進行方向に対して右向きに力がかかってボールが曲がったように見える (c)。この見かけの力がコリオリ力である。河宮加奈のイラストをもとに作成

で、低いとスカスカな状態にあたります。気圧の高いところと低いところが隣り合わせると、ギュッと詰まったほうからスカスカなほうへ空気を押し出す力がかかります。この力は、「気圧傾度力」と呼ばれます。

また別の力として、地球が回転していることによる見かけの力である「コリオリ力」があります。例えばの話、図2・1のように巨大なメリーゴーラウンドのような回転盤の上でキャッチボールをすることを想像してみてください。まっすぐ相手に向かって投げているつもりが、回転のせいでボールがあらぬ方向にそれてしまい、かなりスリリングなキャッチボールになりそうな予感がするでしょう?

図2・1で、左回転する円盤の中心に立つAさんが、端に立つBさんに向かって点線の矢印の方向にボールが飛ぶよう投げたとしましょう。ボールが端につく頃にはBさんは移動してしまっており、ボールを受け取ることができません。このとき、ボールをあらぬ方向にそらしている見かけ上の力がコリオリ力です。コリオリ力については詳しく説明してある文献を章末に紹介しておきますが、結論だけいうと、回転盤が左回転の場合、ボールの進行方向に向かって右側に曲げようとする力が働いているように見えるのです。

自転する地球上を吹く風にも同様の力が働きます。コリオリの力は、台風が渦をまいた状態になることを説明するうえで本質的な役割を果たすなど、大気や海洋の現象を理解するためにとても大切な力です。

このように、いろいろな力を受けながら、それらがバランスするように風向きや風速が決まってくる様子を簡潔に表したものが、ニュートンの運動方程式といえます。ボールを投げたときの軌跡も、台風の渦巻きも、大きく見れば同じ数式で表されてしまうというのは、ある意味感動的といってもよいとすら思うのですが、いかがでしょうか。

気象や気候を表す数式 2 放射伝達方程式

風が吹いたり、雨が降ったりといった気象現象に必要なエネルギーは、おおもとをたどればすべて太陽光です。太陽から地球に到達した光は、水蒸気や二酸化炭素など、大気を構成するさまざまな気体にいったん吸収されたり、また放出されたりしながら、ある部分は途中で跳ね返され、ある部分は地表まで達することになります。

また一方、地球そのものも、宇宙空間へ向かってエネルギーを放出しています（太陽からエネルギーをもらってばかりでは、地球上にエネルギーがどんどんたまり、気温が際限なく上がってしまいます）。この、地球から宇宙空間に向かって放出されるエネルギーのことを赤外放射といいます。

なんだか難しげな言葉ですが、実は、私たちの体もこの赤外放射を放出しています。サーモグラフィといって、体の温かい部分を赤色で、冷たい部分を青色で表して体温の分布を示している画像を、テレビなどで見たことがあるでしょう。あれは、人間の体から放出される赤外放射をとらえているのです。体温が高い部分からはたくさんの赤外放射が放出されるため、サーモグラフィを用いることで体温の分布が瞬時にわかるというわけです。

地球が太陽からのエネルギーを受け取り、一方で地球自身もエネルギーを放出するため、大気中ではエネルギーのやり取りが盛んに行なわれています。大気中を行き来するエネルギーの流れを放射と呼ぶことから、このやり取りの様子を記述する方程式のことを、放射伝達方程式と呼びます。

この章の冒頭で、シミュレーションの応用例の一つとして地球温暖化予測を挙げました。大気成分の一つである二酸化炭素が増加するせいで、地球が宇宙に向かって放出するエネルギーを大気がより多く吸収し、その吸収したエネルギーをまた地表に向かって放出する（「温室効果」と呼ばれます）ために起こるといわれているのが地球温暖化という現象ですから、放射伝達方程式は温暖化予測の大黒柱のような式といってよいでしょう。

大気中では、エネルギーは光の形で行き来します。赤外放射も、赤外線という目に見えない光のかたちで放出されるエネルギーです。そういうわけで、放射伝達方程式を解くためには、二酸化炭素などが光を吸収・放出する様子をよく知る必要があります。

二酸化炭素など大気中の各成分は、その成分によって決まった色の光を吸収・放出するので、その決まった色が何なのか、成分ごとに厳密に知っておく必要があるのです。大気中のエネルギーのやり取りに関わってくる色の数は、厳密に数えると何十万色という膨大なものですから、放射伝達方程式を解くのはたいへんな作業です。気象や気候に関するシミュレーションモデルでは、放射伝達方程式をある程度簡略化した方式で解く場合が多いのですが、それでももっとも計算時間を要する部分です。

数式をぶつ切りにする

これまでで、運動方程式や状態方程式、放射伝達方程式といった、気象や気候のシミュレーションモデルを成り立たせている数式をいくつか説明してきました。

このほかにも、シミュレーションモデルをつくるのに必要な数式というのは、空気の塊に熱が加えられると温度が上がったり、周りの空気を押しのけて広がろうとしたりする様子を表す熱力学第1法則の式など、いくつもあるのですが、それらをコンピュータに解かせるときに必要となるのが、離散化という作業です。

離散化の作業を説明するための例として、$y=x^2$の式をグラフに描くときのことを考えてみましょう。中学校で習ったはずなので、$y=x^2$がお椀の断面のように下に出っ張った滑らかな曲線になることをご存じの方も多いと思います。

頭の中で滑らかな曲線を思い浮かべることは簡単ですが、紙にグラフを描くときには、いきなりフリーハンドで曲線を描くことはしないでしょう。グラフ用紙の上で、$x=1$のときは$y=1$、$x=2$のときは$y=4$などと、キリのいい数字のところで飛び飛びに点を打っていき、あとからそれらを滑らかに結ぶのではないでしょうか。このとき、飛び飛びの点どうしの間隔を短くとるほど、曲線は正確な$y=x^2$のグラフに近づきますが、そのぶん、グラフを書くときの手間は多くなってしまいます。

シミュレーションモデルに含まれる数式をコンピュータで解いていくときも、似たような作業をします。すでに第1章で、最初の気象シミュレーションの試みがヨーロッパをいくつかのマス目に区切って行なわれたという話をしましたが、これも離散化の一つです。地球全体を対象として行なうシミュレーションモデルをつくるときには、図2・2のように地球全体をくまなくマス目に区切ってしまいます。この区切ったマス目ごとに風速や気温の変化などが計算できるよう、これまで説明した数式をぶつ切りにして解いていく手法が、離散化です。

$y=x^2$のグラフのときと同様、マス目の大きさが細かくなればなるほど、きめ細かな計算ができるようになって、前線の形成とか、それに伴う降雨帯の分布なども本物らしく再現できるようになっりますが、そのぶん計算量が増えてしまい、より速い（つ

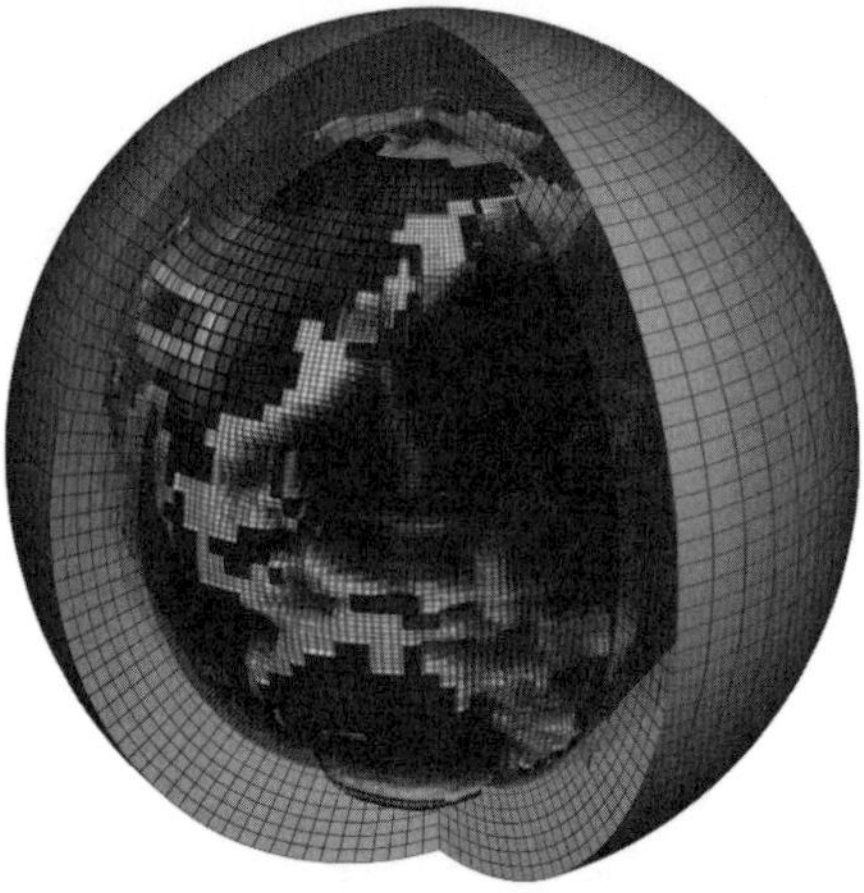

図2・2｜気象・気候のシミュレーションモデルを作成する際、大気や海洋をマス目に区切る様子

まり、価格の高い）コンピュータが必要になります。

マス目の大きさは、対象とする問題の性質や、あとは現実問題として手に入るコンピュータの性能によって決まってきます。例えば、天気予報をするときには、数日〜2週間程度の期間にわたって予測を行なうだけで済みますが、地球温暖化予測を行なうのであれば、人間活動があまり盛んではなかった100年以上昔の時代からシミュレーションを始めて、今世紀終わり頃までの予測を行なうのが普通です。

現在からではなく昔の時点から始めるのは、今現在は温暖化が進んでいる途中であり、途中の段階から始めるよりも、気候が安定していたと考えられる昔から始めたほうが、正確なシミュレーションができるためです。また、昔から現在までのシミュレーション結果を観測データと比較することで、シミュレーションモデルがどれだけ忠実に現実の自然を再現しているかチェックすることもできます。

天気予報のほうが、シミュレーション期間が短くて済む一方で、日本各地の天気をできるだけ正確に予測しないといけません。地球温暖化予測は期間が長いけれども、例えば今世紀最後の日の横浜の天気を当てる必要はなく、月ごとの平均気温だとか、もう少し大まかな情報で、予測としての役割は十分に果たしています。また天気予報の場合は、１日先の天気を予報するのに１日以上時間がかかってしまっては意味がありませんから、こうした観点からの制約も考慮する必要があります。

現在のところ、天気予報の場合はマス目の一辺が数キロメートル～数十キロメートル、地球温暖化予測の場合は数十キロメートル～１００キロメートルというのが典型的な値です。コンピュータの発展によって、こうしたマス目のサイズは今後もどんどん小さくなり、よりきめ細かな計算が可能になることが期待されます。

数式をコンピュータに解かせる

筆者の属する海洋研究開発機構では、図２・３に写真で示した地球シミュレータと呼ばれるスーパーコンピュータ（コンピュータのなかでも、特に計算性能が優れた大規模なものをこう呼びます）を用いて、地球温暖化の予測に取り組んでいます。写真で箱のように見える1台が1メートル×1・5メートルほどで、高さが人の背丈より少し高いくらいの囲いの中に、単体のコンピュータ64台が詰め込まれています。その箱を80台連ねて同時に計算を行なうことにより計算能力を高め、1秒間に１０００兆回もの計算を行なえるようにしたのが地球シミュレータで、並列計算機と呼ばれるコンピュータの一つです。

例えばの話、人間がどんなに面倒な計算でも1秒に1回の速さでできるとし、赤ちゃんまで含めた地球上の人間すべてが計算に取り掛かったとして、１０００兆回の計算を行なうためには丸一日以上の時間がかかります。

地球シミュレータはそんな計算を1秒で行なってしまうのですが、その地球シミュ

図2・3｜海洋研究開発機構が運用するスーパーコンピュータ「地球シミュレータ」。コンピュータの頭脳ともいえる、CPUと呼ばれる部品を5120個備え、それらを同時に使うことによって計算速度を上げる、並列計算機と呼ばれる種類のコンピュータ

レータを用いても、地球温暖化予測の計算をすべてこなすのには、2年ほどの時間がかかります。これだけ長い時間がかかるのは、世界各国の研究機関が協力して、「予測のための入力データはこう、シミュレーションモデルの性能チェックのための実験はこう……」などと念の入った手順を定めるため、行なわなければいけない計算が膨大な量になるためです。もっとも、これだけの時間がかかるのは、地球温暖化予測以外の研究に使うシミュレーションも並行して行なわないといけない、という事情もあってのことですが……。

コンピュータに数式を解かせるときには、マス目ごとに計算ができるよう、数式を変形してから、プログラムというかたちでコンピュータに教え込みます。教科書に載っている数式をスキャンしてコンピュータ上に保存してやれば、コンピュータが数式を理解してパパパッと計算を進めてくれればこんなに楽なことはないのですが、そうは問屋が卸しません。

例えば、先に挙げた気圧傾度力の計算をするのにも、「このマス目の気圧と、隣のマス目の気圧の差をとって、マス目の一辺の距離で割って、その値に応じて風をこれだけ強くする」といった、丁寧な命令文をコンピュータ用の言語で書いてやる必要があります。この一連の命令文が集まったものがプログラムで、気象や気候の研究に使うシミュレーションモデルでは、何十万行という長さになります。

コンピュータプログラムを書く際に厄介なのは、コンピュータの融通の利かなさ、です。プログラムを書いていると、例えばコンマが1つ抜けているだけでも意味が変わってくる場合があります。人間相手なら、それがおかしな内容だとしたら「ああ、ここはコンマが抜けているのだな」と機転を利かせてくれますが、コンピュータにそんな期待はできず、おかしな内容をそのまま計算して暴走することがあります。例えて言えば「理髪店で頭を切ってきなさい」と命令されたとき、「頭を切って」を「髪の毛を切って」と解釈せず、切り傷だらけになって帰ってくるような人を相手にしていると思えばわかりやすいでしょうか（かえってわかりにくいでしょうか？）。

ともあれ、コンマ1つ抜けてコンピュータが暴走を始めてしまった場合、それを見つけるために、何十万行ものプログラムのなかからコンマ1つの間違い探しをすることになります。こうしたプログラム上の間違いを「バグ」、間違いを見つけて取り除く作業を「デバグ」といいます。私の知り合いの研究者は以前「研究なんて8割はデバグだ」と喝破していましたが、気候シミュレーションに携わる者の一人として、十分納得できます。

マス目で表しきれないもの

シミュレーションモデルでは、対象地域をマス目に分け、マス目ごとに数式をぶつ切りにして解いていくと説明しました。強力なコンピュータの力も借りながらこのやり方で計算をしていけば、たしかに方程式を解くことができ、大気が太陽からエネルギーを受け取って風などの運動が起こる様子をある程度再現することができます。

ただしここで気をつけなければいけないのは、マス目より小さな規模の現象は再現できない、ということです。例えば、地球温暖化を予測するためのシミュレーションモデルでは、マス目の一辺が数十キロメートルほどあります。最近話題になることの多い、いわゆるゲリラ豪雨では、空間的な広がりがせいぜい10キロメートルほどですから、雨の降っている領域がすっぽりマス目の中に納まってしまいます。これでは、激しい雨をもたらす大気中の過程を表すことはできません。

というわけなので、いわゆるゲリラ豪雨のシミュレーションを行なうときには、マス目の一辺の長さをもっと細かくして、その分、計算対象とする領域を都道府県単位などに限定して計算量を少なくしてからシミュレーションを行ないます。ですから、「地球温暖化によって、いわゆるゲリラ豪雨は増えるのか」といった問題を研究する際には、一度、マス目の粗い温暖化予測モデルで予測した将来の日本付近の気象条件をもとに、マス目の細かいシミュレーションモデルによってあらためて、いわゆるゲリラ豪雨の計算を行なうことになります。特定の豪雨の有無が地球全体の気候に与える影響は小さいので、マス目の粗いシミュレーションを行なう際には、とりあえず無視する、という方針をとるわけです。

いま挙げた例は、地球温暖化という空間的に非常に大きな広がりをもち、長い時間をかけて現れてくる現象が、いわゆるゲリラ豪雨という、空間的な広がりが比較的小さく、継続時間も短い現象に与える影響を調べる、というケースでした。こうした場合、いま説明したように、2段階のシミュレーションを行なうことで対応が可能です。ただし、気象や気候の問題でやっかいなのは、逆に空間的な広がりが小さな現象が、大きな広がりをもつ現象に影響を与える場合があることです。

熱帯域の対流活動

熱帯域では、高い海面水温で暖められ軽くなった下層の空気が上昇することで、大気が上下に激しく混ぜられ、その結果、入道雲ができます。入道雲を伴うような大気の上下混合を「積雲対流」と呼びます。一つ一つの積雲対流は、水平方向の広がりが1～10キロメートルくらいです。なので、温暖化予測用や天気予報用を含め、多くのシミュレーションモデルでは、積雲対流の細かな構造を表すことは不可能です。

ところが、一つ一つの広がりは小さくても、積雲対流は常に方々で起こっており、全部合わせてみると、地球全体で見たときの熱や水蒸気の分布に大きな影響を与えます。図2・4は、降水量の全世界での分布を示しています。太平洋の赤道のちょっと北側に、降水量が非常に大きい領域が広がっていることがわかります。この降水のほとんどは積雲対流によってもたらされるものです。個々の積雲対流は1～10キロメートルの規模で発生しますが、それが無数に集まって2万キロメートル近い太平洋赤道域の降水分布を決めているわけですから、いわゆるゲリラ豪雨のときのようにとりあ

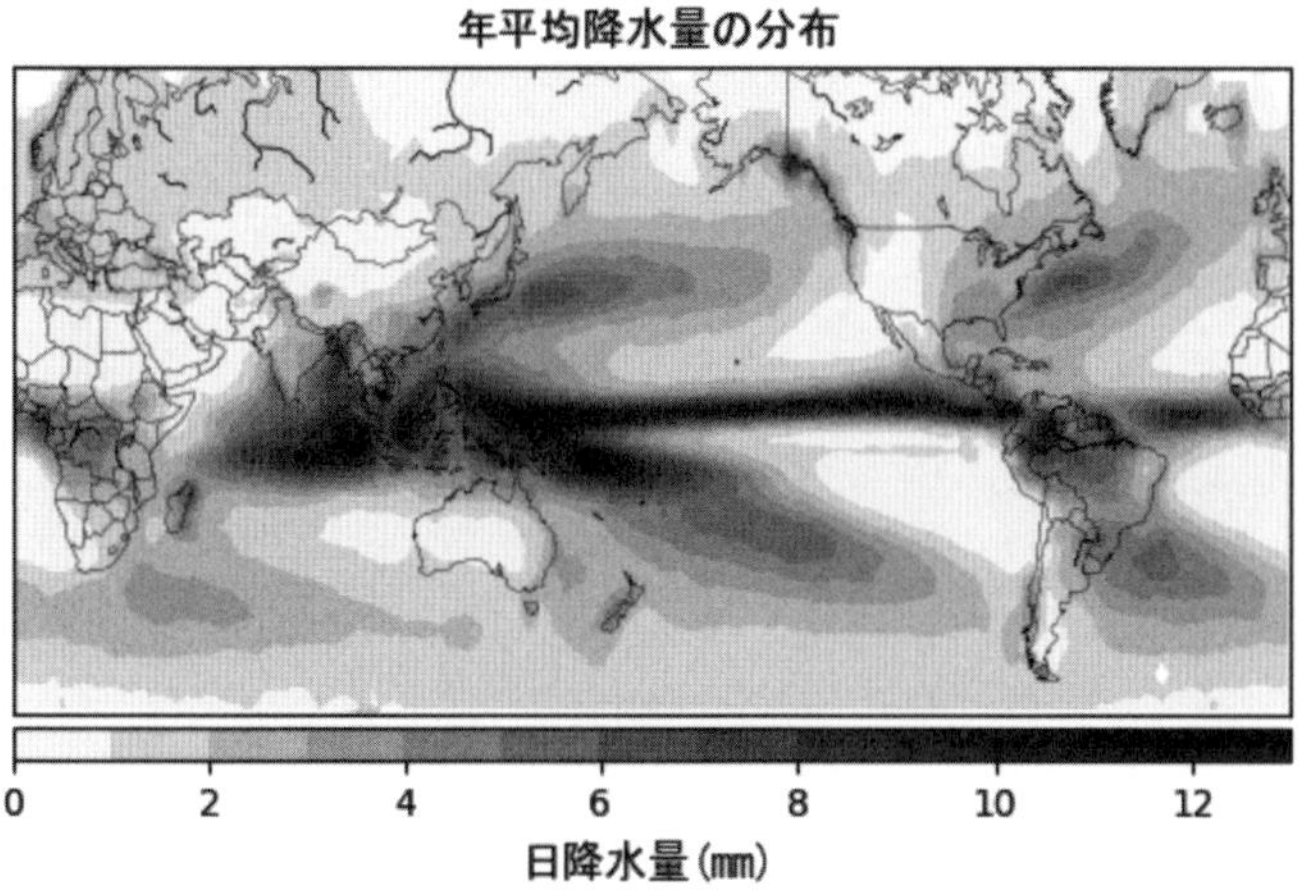

図２・４｜地球規模での年平均降水量の分布。1958年から2017年にかけての平均値を示す

えず無視する、というわけにはいきません。

もちろん、マス目を細かくしてきちんと積雲対流を表すのが理想なのですが、すると計算時間がかかり、例えば地球温暖化予測のような、長期間にわたるシミュレーションを行なうことが難しくなってしまいます。

そこで多くの場合、次善の策として、「積雲対流がこの程度の頻度で起こっているに違いない」などと推測するための経験則を導入することになります。みなさんの日常生活でも、例えば「雨の降っている日はバスが混む」といった傾向を経験として感じている、といったことは多いと思います。

このとき、バスの乗客一人一人の通勤経路

などを知らなくても、その日の降水量とバスの乗車率のデータを集めて両者の関係をよく調べることで、バスに乗る前からその日の天気でだいたいの混み具合の見当をつけることができます。

これと同じようなことをして、積雲対流一つ一つを詳しく再現しなくても、大きなマス目のシミュレーションでも再現できる大まかな気温や水蒸気の分布から、積雲対流が地球規模の降水分布に与える影響を推測する経験則を、シミュレーションモデルに教えてやる、というわけです。

そうした経験則は、先に説明した運動方程式などと同様、数式を用いて表されます。数式の内容が物理的な裏付けをきちんともつよう、細心の注意が払われますが、運動方程式の場合と決定的に違うのは、数式の組み立て方や数式中の定数の値などが1通りには決まらない、という点です。

前に挙げた雨のバスの混み具合の例でも、降水量と乗車率のデータを、どれだけの期間にわたって集めるか、とか、降水量のデータを取るのに、気象庁のデータをそのまま使うのか、何とかして直接測るのか、また直接測るにしても自分の家の庭で測るのか、バス停に観測機器を置くのかで微妙にデータが違ってくるかもしれません。また、降水量のデータだけに頼らず、気温のデータも使って経験則をつくったほうがよい、と主張する人もいるでしょう。さらに、その時刻の降水量だけでなく、天気予報でその後の天気をどう予報しているか、まで考えにいれて経験則をつくったほうがよいかもしれません。

このように、バスの乗車率についての経験則のつくり方にもいろいろな考え方があり、どの考え方をとるかによって、数式に現れる定数の値や、あるいは式の形自体も変わってきてしまいます。

積雲対流についての経験則をつくるときにも、同じことがいえます。例えば、カリフォルニア大学ロサンゼルス校（ＵＣＬＡ）の荒川博士が１９７４年に同僚のシューバート博士とともに発表した積雲対流の取り扱いでは、下層で暖められ軽くなった空気が上昇しながら周囲の空気を巻き込んで混ざり合う様子を数式で表現しています。

ただし、この周囲の空気を巻き込む割合など、いくつかの重要な定数については、厳密な実験に基づいて１通りに決めることはできず、観測データを見ながら見当をつけていくことになります（図２・５）。地球重力の強さを表す「重力加速度」が、１通りの値を標準として世界中で用いることになっているのとは対照的です。

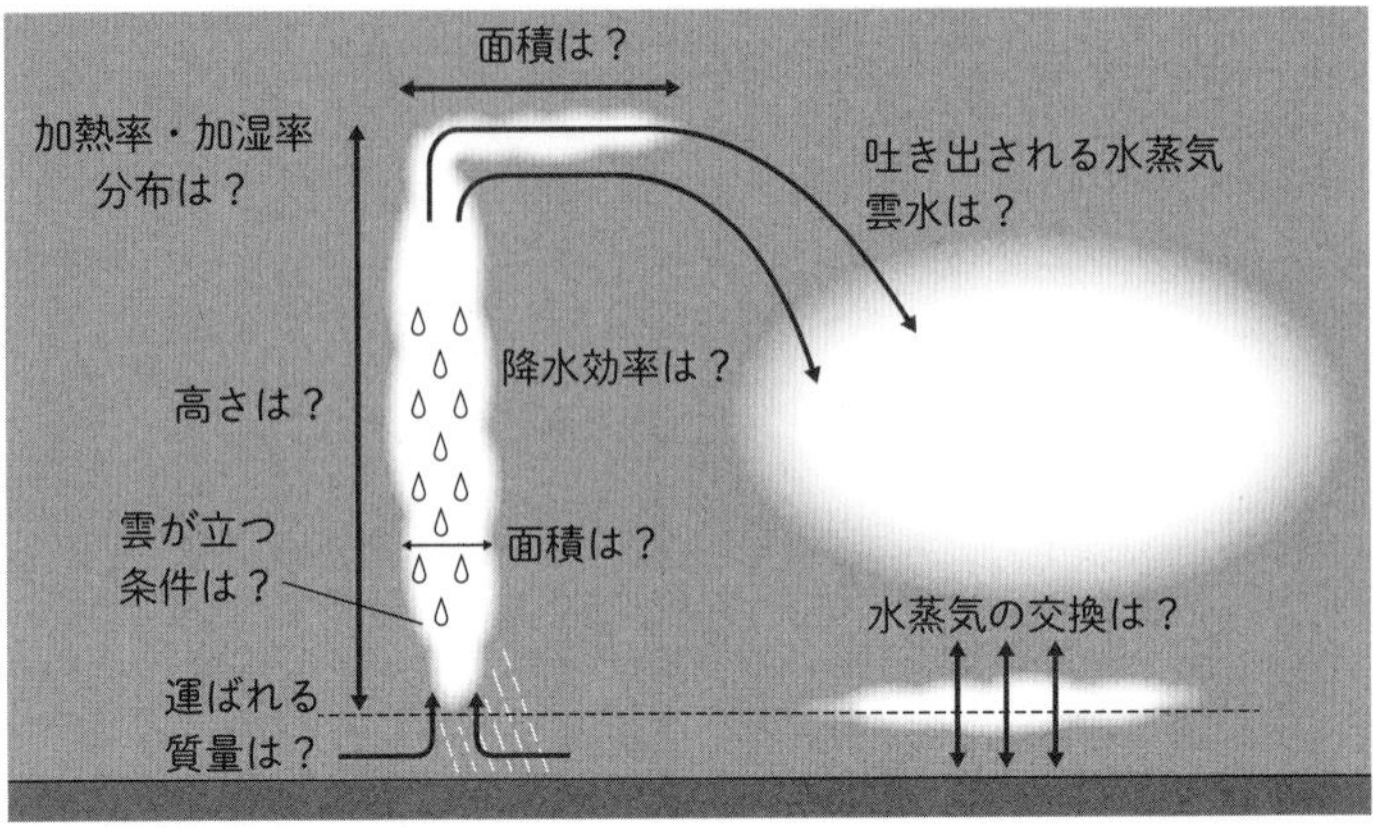

図2・5 | 荒川博士らの提案に基づく積雲対流の取り扱いの概念図。疑問符とともにコメントを付した箇所に関する定数については、値を一通りに決めることが難しい

積雲対流の経験則について、実際に定数の値を検討する過程では、いくつか定数の値を変えてシミュレーションを行ない、それぞれのケースでの雨の降り方や雲のでき方、温度の分布など、主だった特性が観測と合っているかどうかを確かめながら値を決めていくことになります。

荒川博士が提案したもの以外にも、いろいろな考え方に基づいた積雲対流の取り扱いが発表されています。また荒川博士のもともとの提案に対しても、多くの研究者によって詳しい検討が加えられ、修正を施した改良版が多く発表されています。

気象や気候のシミュレーションモデル

の開発者たちは、このような数多くの提案のなかからよりよいものを選び出し、かつ自分でも改良を加えるなど、日々研究を重ねています。

そのほかの経験則

積雲対流に関するもの以外にも、気象や気候のシミュレーションモデルにはさまざまな経験則が取り入れられています。

地球温暖化予測など、長い期間にわたる予測を行なう際には、大気とともに海の流れもシミュレーションモデルに入っているケースが多いのですが、その海のなかには、親潮や黒潮といった、比較的安定した流れのほかにも、たくさんの渦が存在します。川の流れをよく見ると、川上から川下にまっすぐ向かう流れだけでなく、流れが曲がりくねったり、渦巻いている箇所があったりするのと同じことです。ただし海の渦は、半径が10～100キロメートル程度と、川の渦よりはだいぶ大きいのですが、それでも、マス目の大きなシミュレーションモデルで長い期間にわたって自然を再現する際には、

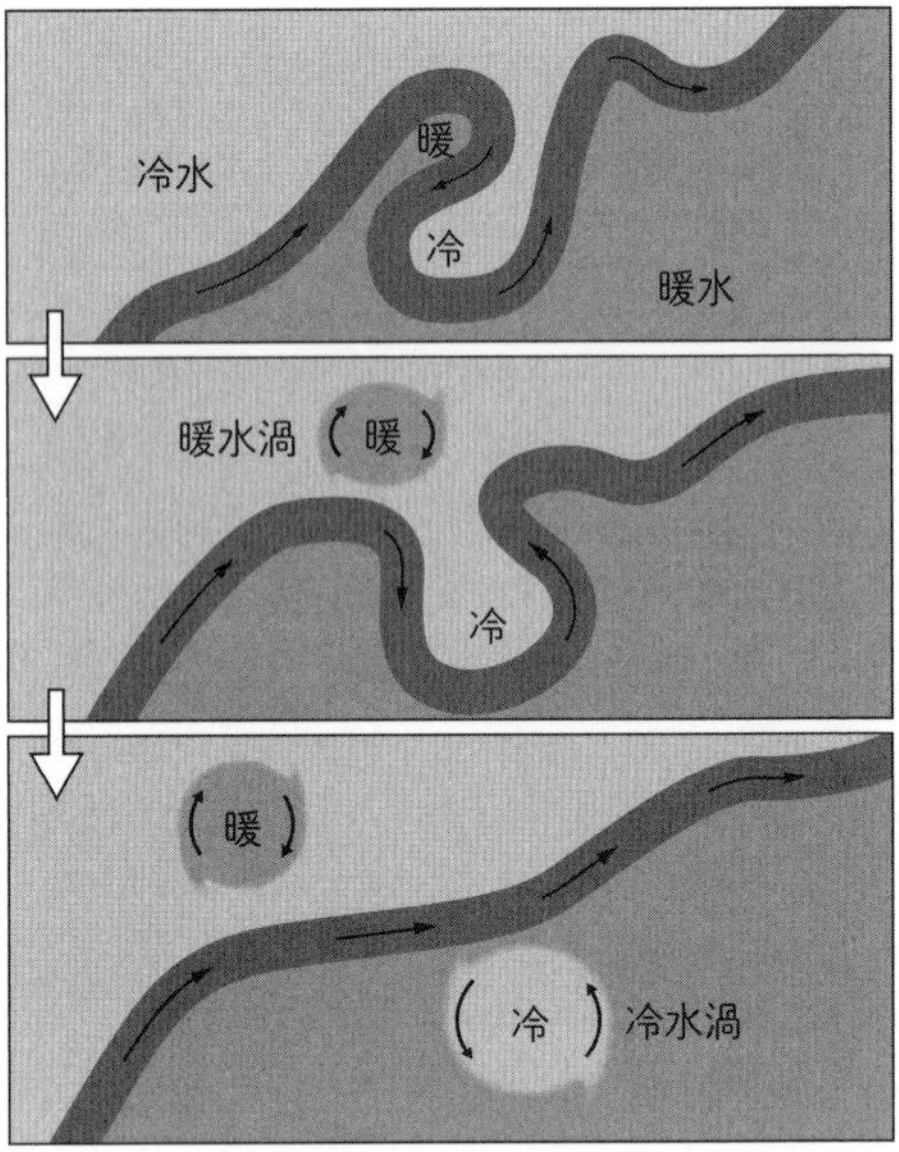

図2・6｜暖かい渦が北方に移動し崩れる、あるいは冷たい渦が南方に移動し崩れることにより熱が運ばれる様子。ポール.R.ピネ（2010）をもとに作成

すべての渦を十分に表現することはできません。

しかしこうした渦は、暖かい海域から冷たい海域へ熱を運ぶのに重要な役割を果たしています。例えば日本沿岸を流れる黒潮は、太陽光をたくさん受けて暖まった亜熱帯の海域の熱を、水温の低い温帯域に向かって輸送し、暑い場所を冷まし寒い場所を暖める役割を果たしているのですが、渦も同様に熱を運んでいるのです。図2・6に示すように、暖かい海域でつくられた渦が、ふらふらと移動しながら冷たい海域に到達し、そこで崩れて周りの海水と混ざるケースなどを想像してもらえればわかりやすいのではないでしょうか。

こうした渦の役割も、（マス目の大きなモデルで表現できる）大まかな水温や塩分の分布に関連づけて、経験則で表す手法が開発されてきています。

さらに、空気中を漂うチリ（しばしば「エアロゾル」と呼ばれます）は、雲ができたり雨が降ったりするプロセスに重要な役割を果たしています。これは、空気中の水蒸気から雲ができるときに、エアロゾルに水蒸気が集まってくるようなかたちで小さな水滴に変化し雲の粒になるためですが、シミュレーションモデルのマス目をエアロゾルと同じくらい小さくするわけにもいかず、こうした微粒子の役割もまた経験則で表すことになります。

しかも、雲の粒ができるときの水蒸気の集めやすさは、エアロゾルの種類によって変わってきます。最近話題になることの多いＰＭ２・５やら、海の波のしぶきが乾いてできる海塩粒子やら、森林から放出されるさまざまな物質が起源となっている有機エアロゾルやら、大気中のチリにもいろいろ種類があり、その種類ごとの「水蒸気の集めやすさ」を、観測や実験でデータを集めて数式化するわけです。が、世界中の大気を漂うチリをすべて分類し正確なデータを集めることは不可能に近く、どこかで、「まあ、だいたいこんなもんだろう」といった見切りが必要になってきます。

また、太陽から降り注ぐ光が大気中を伝わる様子は、放射伝達方程式という数式で表されることを前に説明しました。ここの部分に関しては、経験則を導入する必要はそれほどないのですが、大気を伝わりきって地面に到達した後どうなるか、については扱いが難しくなります。

太陽光が地面付近を暖めるとき、どの程度が地面付近の大気を直接暖めるために使われ、どの程度が土や植物に含まれる水分を蒸発させるのかといった割り振りを考えてみましょう。こうした割り振りは、そこが海であるか砂漠であるか、植物が生い茂った土地であるかによって変わってくることは想像に難くないと思います。さらに植物が生い茂っているにしても、そこが草原なのか、うっそうとした森林なのかによっても変わってきそうです。

植物の葉などからの水蒸気の放出は蒸散と呼ばれ、植物が気孔と呼ばれる葉の表面にある小さな穴を開け閉めすることによってその量を調節しています。つまり、植物が生い茂った土地からの水蒸気の発生には、生物の活動が関わってくるわけで、そうなると運動方程式のようないつでもどこでも同じように当てはまる法則を見出すことは難しくなります。

こうした場合にも、やはり周囲の気温などの情報から、生物活動によって水蒸気の発生がどのように調節されているかを推定する経験則を、観測データに基づいて打ち立てていくことになります。

ここでひとつ指摘しておきたいのは、生物が関わってくるこうした過程に対しては、マス目をどんなに小さくしても経験則に頼らざるを得ないということです。つまり、先に説明した積雲対流については、将来コンピュータの計算能力が十分高くなり、一つ一つの対流をきちんと表現できるくらい小さなマス目で計算できれば、経験則を導入する必要はなくなります。ところが生物が関わってくる過程の場合、マス目をどんなに小さくしても、普遍的な法則でそれを記述することはできず、経験則を導入することが必要です。また、大気中の微粒子の役割についても、マス目を微粒子と同じくらい小さくできるほど計算機が発達するのは、はるか遠い将来のことで、現実的には不可能といってよいでしょう。

気象や気候のシミュレーションモデルには、このように経験則の導入が不可欠な部分が残っており、そのため、普遍的な法則だけに基づいてシミュレーションモデルをつくり上げることはできないという点を覚えておく必要があります。

シミュレーションモデルにつきまとう不確かさ

これまで見てきたとおり、気象や気候のシミュレーションモデルは運動方程式などの物理法則を基礎として構築されますが、一方で多くの経験則を含みます。そうした経験則は観測データに基づいてつくられていますが、同じ現象に対しいくつかの経験則が提案されているケースでは、どれが最も優れたものであるかを客観的に決められないことがままあります。というわけで、ある現象に関する経験則を導入する際には、シミュレーションモデルをつくっている人の好みが入る余地が残ってしまいます。したがって、運動方程式や放射伝達方程式といった普遍的な法則は、シミュレーションモデルを開発している世界各国の研究グループすべてに共通しているものの、経験則のレベルまで含めていえば、グループごとに異なった法則を採用しています。

　このため、たとえ同じ事柄について予測を行なっても、どの開発グループがつくったシミュレーションモデルかによって、予測結果が微妙に違ってきてしまいます。例えば、2013年に発行されたIPCC第5次報告書という温暖化予測に関しては、とても権威のある報告書では、RCP4・5と名前のついたシナリオ（今世紀末に、現在400ppm弱の二酸化炭素濃度が550ppmほどになるケース）に対し、合計42のシミュレーションモデルが温暖化予測を行なっています。それによれば、今世紀末頃の昇温は（1986～2005年の間の平均に比べて）1・1℃から2・6℃と、最小値と最大値で2倍以上の開きがあります。

　これらのシミュレーションモデルは、現在の大気温や降水量、また海でいえば水温や塩分などの分布を再現することにはある程度成功しています。また、分布が再現できるか、というチェックだけでなく、20世紀中に暖かい時期があったり寒い時期があったりといった、過去の気温の変動の様子を再現できるか、というチェックも行なわれています。気候の分布や変動をすべて再現するわけにはいきませんが、例えば1970年代は20世紀のなかでは寒い時期であり、1980年代以降どんどん暖かくなってきているといった大まかな特徴は、多くのシミュレーションモデルで再現できることが確認されています。

さて、このようなチェックを受けたシミュレーションモデルを使っても、先ほど触れたような予測の違いがあることに注意する必要があります。まあ、世界中を漂うチリの成分や、世界中に生えている植物が土から水を吸い上げる様子をすべて正確に調べあげて研究者たちの意見の一致を見ない限り、世界各国の開発グループによる違いはなくならないわけですから、予測結果がある程度ばらつくのは当然のことといえるでしょう。

こうした状況のなかで、不確かさを減らす努力もさることながら、不確かさをしっかり把握することが大事だ、ということが指摘されています。つまり、「二酸化炭素濃度が倍になれば、温度は3・2℃上がる」などとはっきり言い切ることが難しいのならば、「二酸化炭素濃度が倍になると、温度上昇は5℃以上である可能性が5％、3～4℃の幅に入る可能性は50％、1℃以下である可能性は5％」などといえるようになることが肝心、という考え方です。天気予報で「今日の午前中に1ミリメートル以上の雨が降る確率は40％」などというのと少し似ていますね。

ただ、天気予報に不確実さが残るのは、シミュレーションモデルに経験則が含まれているためだけではありません。この点については、次の第3章で詳しく見てみることにしましょう。

参考文献

保坂直紀（２００３）『謎解き・海洋と大気の物理』、講談社、２８２ページ。

Paul R. Pinet（2006）*Invitation to Oceanography, Fourth Edition*, Jones and Bartlett Publishers, Inc.,（ポール・R・ピネ、東京大学海洋研究所（監訳）（２０１０）『海洋学』、東海大学出版部、５９９ページ）

第3章 シミュレーションでわかるいまの地球

第1章でシミュレーションの歴史を、第2章で原理を見てきました。この章ではいよいよ、気象や気候のシミュレーションが私たちの日常生活でどのような活躍をしているのかを紹介します。

私たちが日常的に接するシミュレーションの成果の筆頭は、なんといっても天気予報です。テレビで、今日から明日にかけての気圧配置や雨の分布が動いていくさまをアニメーションで見たりしたことがあると思いますが、そうした画像は、シミュレーションの結果がもとになっているのです。

ただし、シミュレーションによる予報結果を伝えるだけが天気予報ではありません。観測データを巧みに予報にとりこむ技術や、シミュレーション結果を微妙に修正するプロの熟練技と合わせて初めて、みなさんが日頃接する天気予報ができあがります。

以下では、予報として提供される情報ができあがっていくまでのプロセスについて、少し詳しく見てみることにしましょう。

全体の流れ

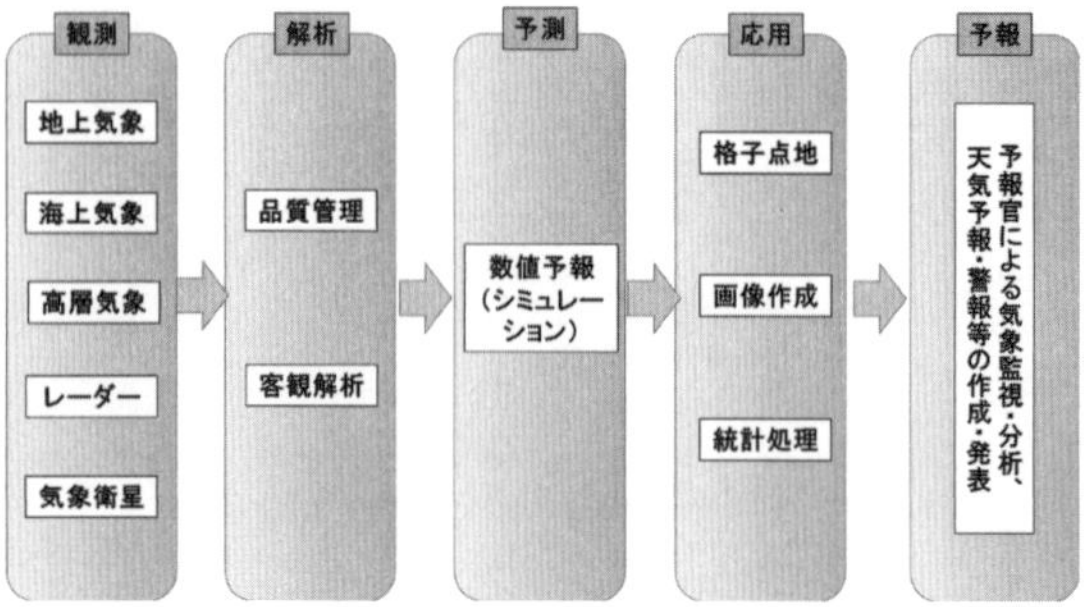

図3・1｜観測データの収集から天気予報の発表までの作業手順。気象庁ホームページ (http://www.jma.go.jp/jma/kishou/know/whitep/1-3-1.html) の図を改変

図3・1は、天気予報が発表されるまでの作業手順です。天気予報はまず、さまざまな観測データの収集から始まります。収集されたデータは整理され、シミュレーションモデルと同じマス目にデータが並ぶよう処理されます。これが「解析」というステップで、ここで用意されたデータを予報のためのシミュレーションのスタート地点とし、未来へ向けた予測計算を行ないます。

結果が得られると、予報を出す各地点について予報官がシミュレーション結果をよく吟味し、必要ならば修正を加えたうえで、数字の羅列を人間の言葉に「翻訳」し、予報が発表されます。シミュレーションは、天気予報を出すうえでもっとも重要な道具の一つですが、シミュレーションモデルと現実との食い違いや、予報を受け取る一般市民のニーズも熟知した予報官の判断も欠かせない要素です。

さまざまな観測

これはシミュレーションモデルを用いた業務や研究一般にいえることですが、有用なシミュレーションのためにもっとも大事なことは、質のよい観測データの取得であると強調しておきたいと思います。特に天気予報については、観測データを上手に取り込むことがシミュレーションの成否に決定的な影響を与えます。

本書はシミュレーションの解説書ですが、シミュレーションにとっての観測の重要性を理解してもらうのに天気予報は格好の題材なので、観測データの取得について、少し詳しく見ていきます。

□地上観測

全国に60ほどある気象台や測候所に加え、1300ほどの無人観測施設で、気温や降水量、日照、地上気圧、地域によっては積雪量などの自動観測が行なわれています（正確にいうと、約1300ある無人観測施設のうち約460は降水量のみを計測します）。この無人観測施設はAMeDAS（Automated Meteorological Data Acquisition System）、あるいは日本語で地域気象観測システム、と呼ばれています。「アメダス」という言葉は天気予報で聞きなれていると思いますが、別に雨のデータを出すから「雨出す」、あるいは「雨です」が訛《なま》って「雨ダス」と呼ばれているわけではないようです。英語名称の頭文字がもとになっているというのが建前ですが、でもきっと、最初にこの名前をつけた人は「雨出す」「雨ダス」といった語感を意識していたのでしょうね。英語の頭文字をつなげるだけであれば、AMDAS（アムダス）にしたってよいわけですから……。

話が脱線しました。アメダスは、名前こそユーモラスな響きがありますが、採用される観測機器はすべて検定に合格したものでなければならず、また観測方法にも細かい規則が定められるなど、厳格に管理されたシステムです。「アメダスで得られたデータは、誤差はどの程度か、何分ごとに得られているか」などといった性質を全国で統一しておくことが、正確な予報のためにたいへん重要だからです。

ただし時折、測器につる植物がかぶさる例が報告されたり、設置場所付近の土地利用の状況が変わって観測結果にも影響が出る可能性が指摘されたりすることがあり、これだけ大規模なシステムを無人で円滑に運用していくうえでの課題となっています。

□上空観測

アメダスは地上での気象データを集めますが、シミュレーションモデルが取り扱う範囲は地上だけでなく上空にも及びますから、予報のためのスタート地点としての現況データには、上空のものも当然必要になります。実際、一部の気象台では上空の観測もしています。

上空の観測には、ラジオゾンデと呼ばれる、観測センサとデータを地上に送る無線送信器を搭載した気球を用います。ラジオゾンデの観測は、世界で約900か所、日本で16か所の観測点から一斉に行ない、世界でデータを共有しています。地上から約30キロメートルまでの気圧、気温、湿度、風向・風速などを観測したのち、パラ

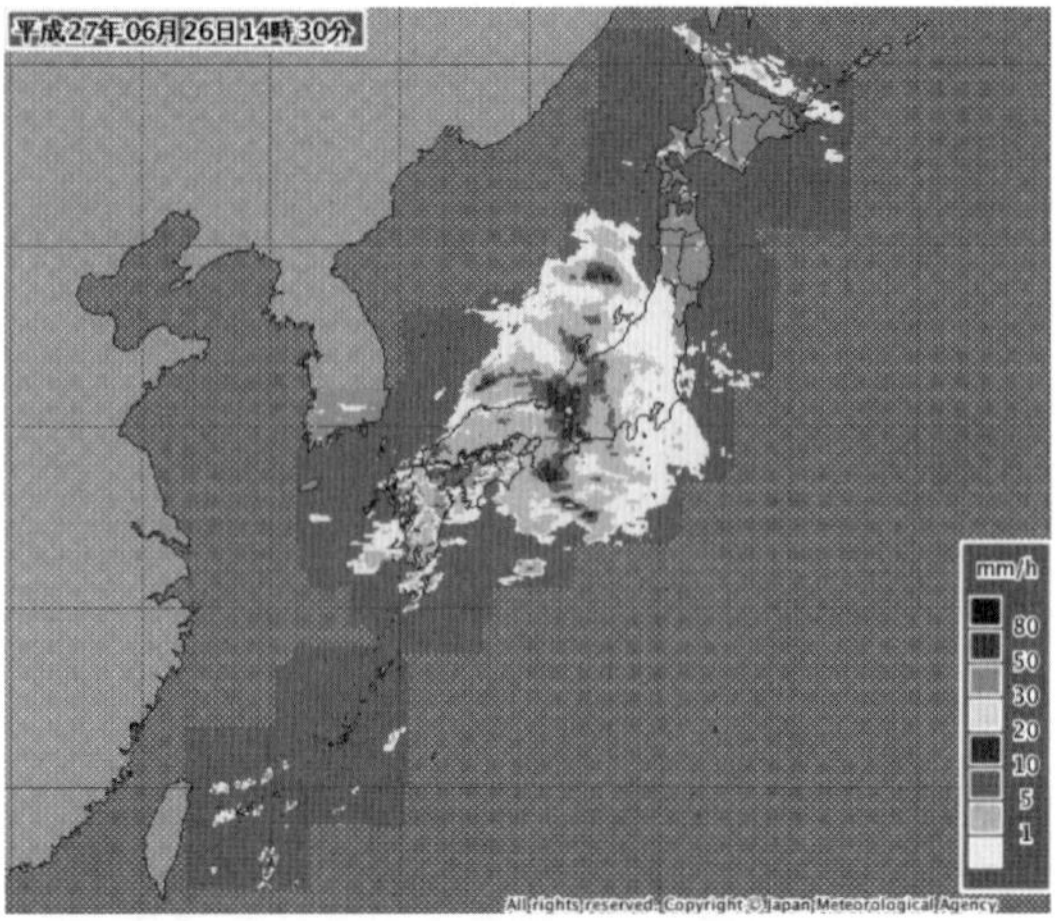

図3・2｜平成27年6月26日14時30分の雨量分布。気象データ、アメダスなどのデータを合成してつくられており、解析雨量と呼ばれる。図の出典：気象庁ホームページ

シュートでゆっくり落下しますが、偏西風に乗って海に落下するケースがほとんど、という事情もあり、ラジオゾンデの多くが一回きりの使い捨てです。

上空の観測にはこのほか、回転するアンテナから電波を発射し、雨粒などに反射されて返ってくるまでの時間や、反射のとき電波が性質を変化させる様子から半径数百キロメートルにわたって雨の場所や強さを測る気象レーダー、上空に向かって電波を発射し、風の効果で電波が散乱されて返ってくるときの性質の変化から上空の風向風速を測るウィンドプロファイラと呼ばれる機材が用いられます。

気象レーダーとウィンドプロファイラは

全国でそれぞれ20か所、33か所に設置されています。

ちなみにテレビのお天気コーナーでよく目にする、詳しい雨の分布図（図３・２）は、これまで述べたアメダスと気象レーダーの雨量データを合わせて作成されたものです。気象レーダーの説明は初めて聞く人が多いかもしれませんが、それに基づいたデータはみなさんも毎日のように目にしているわけです。

□衛星観測

気象衛星からの観測では、アメダスや気象レーダーなどより格段に広い範囲にわたって、雲や水蒸気の分布に関するデータを得ることができます。２０１５年7月に代替わりして8号となったひまわりは、地球の自転と同じ速さで赤道の3万５８００キロメートル上空を回転しており、地球に対してはいつも同じ位置に静止している格好になるため、静止衛星と呼ばれます。

ひまわりの場合は東経１４０度の上空から見える部分全体の画像を10分ごとに観測しますし、地球上の他の部分に関しては図３・３に示されたような各国の気象衛星が観測を行なっています。気象衛星にはこのほかに北極、南極を横切りながら上空

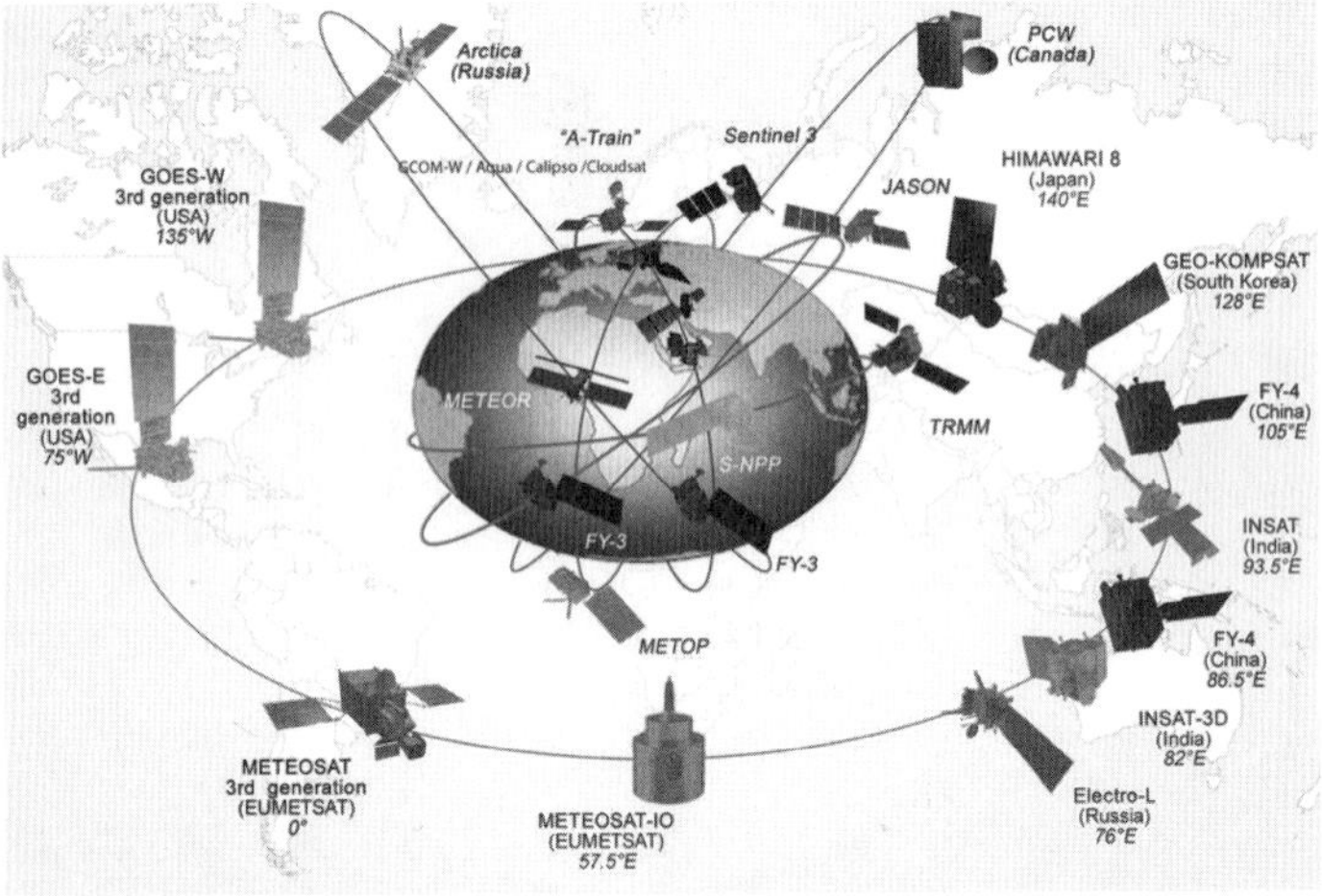

図3・3｜世界の気象衛星。図の出典：世界気象機関ウェブサイト
（http://www.wmo.int/pages/prog/sat/globalplanning_en.php）

400～900キロメートルを周回する極軌道衛星と呼ばれるものがあり、それぞれの衛星から得られるデータは世界各国で共有されています。

気象衛星が観測する画像は大きく分けて「可視画像」と「赤外画像」「水蒸気画像」の3種類があります。

可視画像は、目に見える光を画像としてとらえたもので、宇宙から撮った地球の写真と考えてよく、視覚的にわかりやすいのですが、夜には撮影できないという欠点があります。

一方、赤外画像や水蒸気画像は、雲や大気中に含まれる水蒸気が発する目に見えない光、赤外線をセンサでとらえた画像で、夜でも撮影することができます。夜でも撮影できる「赤外線カメラ」の画像をテレビなどで見たことがある人も多いと思いますが、これも人や物が発する赤外線をとらえるカメラで、おおもとの原理は同じです。こうして、気象衛星は私たちが眠っている間も宇宙から観測データを集め、地上にある受信施設にデータを送り続けています。

□初期値の作成

さて、こうして集めた観測データをもとに、シミュレーションモデルのマス目にそろえて緯度、経度、高さ方向にデータがきれいに並んだデータセットをつくり、予測のスタート地点（予測の「初期値」といいます）とするわけですが、これはいうほど簡単な作業ではありません。

考えてみると、アメダスのデータ、ラジオゾンデのデータ、気象衛星のデータそれぞれで、観測する時刻も違えばデータの精度も異なります。これらを単純に足して一つのデータセットをつくっても、地表付近は主にアメダスのデータで、上空はラジオゾンデのデータでできあがることになり、上空と地表付近がうまくつながらないような気がしませんか?

また、単純に観測データを平均したデータセットを初期値にすると、シミュレーションモデルも本当の自然の完璧なコピーではないため、いわば観測データの消化不良を起こして、誤った予測結果を出してしまいます。

こうした問題を避けるため、初期値の作成自体にもシミュレーションモデルを使います。数学的に込み入った手法を使うため詳しい説明は省きますが、要は過去についてシミュレーションモデルを動かして観測データと比較しながら設定条件を少しずつ調節し、観測データとのずれがもっとも小さくなるような計算結果を、予測のための初期値とするのです。

このための手法は「データ同化」と呼ばれ、応用数学の一分野として研究が盛んに行なわれています。

予報とモデルの種類

こうして用意された初期値をスタート地点にして、シミュレーションによる予測を行ない、その結果をもとに天気予報が発表されます。発表される天気予報には短期予報、週間予報、台風予報、季節予報など、さまざまな種類があります。短期予報は今日明日の天気や気温の移り変わり、分布などを予報するもので、私たちにとって一番なじみ深いものといえるでしょう。週間予報は名前通り1週間先までの予報で、短期予報ほど詳しい内容ではないものの、1日ごとのおおよその天気が予報されるので、週末のレジャーの予定を立てたりするのに便利な情報が得られます。台風予報は予報円の形で台風の進路を予測します。季節予報は、1か月から3か月先について、気温や雨の量などのだいたいの傾向を予報するものです。

このように、近い先の予報には詳しい情報を提供し、遠い先の予報ほど発信される情報が大まかになってくるため、予報の種類によってシミュレーションモデルも使い分けられています。

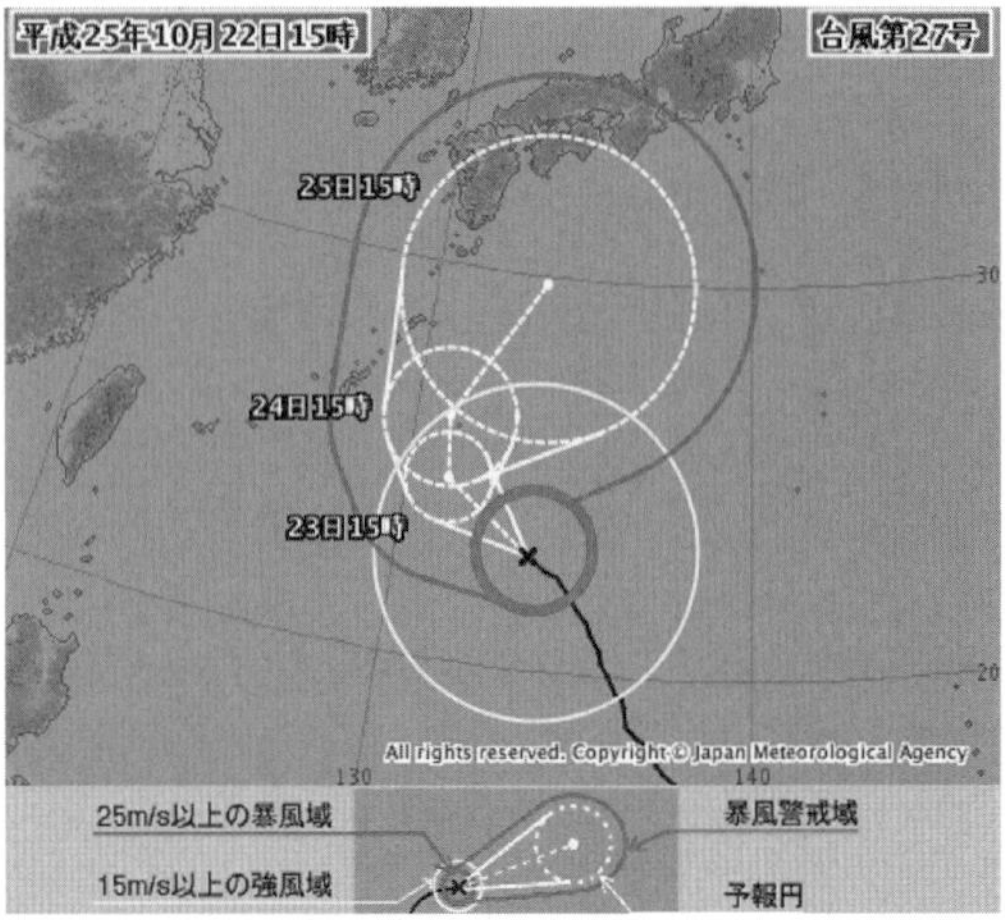

図3・4｜台風予報の例。図の出典：気象庁ホームページ

近い先の予報については、日本からあまり離れた場所の大気の状態はそれほど気にかけなくてよいため、日本付近だけに領域を限り、マス目が細かくきめ細かな予報ができるものを用い、遠い先の予報をする際には、日本から遠く離れた大気の状態が長い時間をかけて日本付近まで伝わってくる場合があるため、マス目は粗いものの地球全体を対象としたものを用いるといった具合です。

気象庁による天気予報では現在のところ、日本周辺領域用で2つ、地球全体用で5つのシミュレーションモデルが稼働しています。

台風については、短期予報、週間予報

などとは別に予報され、最長で5日先までの情報が発表されます。週間予報よりはやや予報期間が短いのですが、日本よりはるか南の海上で発生した台風が日本付近まで進んでくる様子を予報する必要があるため、地球全体用のシミュレーションモデルを使っています。

図3・4は台風予報の表示例ですが、みなさんも見慣れている「予報円」が用いられています。この予報円の見方は、案外誤解されていることが多く、また次に話題にするカオスやアンサンブル予報の導入にもなるので、次の節で説明しておきましょう。

予報円の見方

図3・4では、まず真ん中あたり下方にある×印が、予報発表時点での台風の中心の位置、その周りの円が暴風域（風速25m／s以上）、外側の円が強風域（15m／s以上）を表しており、これは図の下にある説明の通りです。

そして、×印の左上から上方にかけて、「23日15時」「24日15時」……、などと時刻が付記された白い破線の円が予報円です。予報円は、未来の暴風域や強風域を示したものではなく、またこの円に入っている領域は将来必ず台風の影響を受ける、というわけでもありません。予報円は「台風の中心がこの中に入る確率が70％」という範囲を表すもので、実際の台風が例えば予報円の端に近い進路をとった場合、予報円の真ん中にある地域でも台風の影響があまりない、ということもあり得ます。

そしてこうした場合、実際の台風進路の付近では、予報円の外の領域でも暴風域に入ってしまいます。予報円を取り囲む大きな円は、こうした場合も含め暴風域に入る恐れのある領域を示しており、暴風警戒域と呼ばれます。

台風の中心が予報円の中にある確率が70％ということは、逆に外に出てしまう確率も30％、全盛期のイチローがヒットを打つのと同程度はあるわけです。台風直撃か、と思っていたら、存外大したことがなかった、あるいは逆に、ウチの地域は大丈夫かな、と思っていたらけっこうな雨風だった、というようなとき、「予報が外れた」と気象庁にクレームをつける前にもう一度、予報円の定義を思い出してください。

さて台風の予報円は、台風の中心の位置を確率的に表すものであることを見てきました。また週間予報にも、あまり目立つかたちではありませんが、確率情報がついています。気象庁のホームページなどで週間予報を見ると、日々の天気を表す欄の下に「信頼度」という欄があり、A~Cの記号がつけられています。Aは信頼度が高く、B、Cとアルファベット順に信頼度が低くなります。

信頼度が高いというのは、ある日の天気が予報の通りになる確率が高く、翌日あらためて週間予報を見ても、その日の予報が変わることはほとんどない、という意味です。信頼度の正確な定義はやや複雑になるので、気象庁による解説(http://www.jma.go.jp/jma/kishou/know/kurashi/shukan.html)などで確認していただくことにしてここでは省きますが、基本的に雨が降るか降らないかの予報が当たる確率がベースになっています。なお、台風をはじめとする激しい気象現象のシミュレーションについては、第6章でもう少し詳しく説明します。

カオスについて

以上見てきたように、台風の進路にしても週間予報にしても、「必ずこうなる」といった断定的な表現ではなく、ある程度含みをもたせたような確率的な表現が採用されています。心優しい読者のみなさんは「まあ、先のことなのだし、決めつけるのも難しいのだろう」と納得してくれるかもしれません。

しかし他の自然現象に目をやると、例えば潮汐の予報などでは、確率的な情報ではなく、何時何分に何センチメートルの潮高といった、きっちりした数値が海上保安庁から予報されています。また、月食や日食については、「次に日本で見られるのは何年の何月何日、どこそこで」といったことが何十年も先までわかっています。

潮汐や日食、月食でできて、天気予報で同じことができないのはなぜなのでしょうか。ひょっとしたら、天気予報に使われるシミュレーションモデルを開発している人たちが怠け者なだけで、働き者の開発者が精巧なシミュレーションモデルを完成させれば、何年も先の雨の量までぴたりと当てることができるのでしょうか。

こうした疑問に答えるためには、「カオス」という現象について知る必要があります。カオスというのは日本語で「混沌」という意味で、要するにわけがわからなくって、先が読めない現象の総称だと考えてもらえれば、(本当は間違っていますが)おおよそのイメージとしてはあっています。「わけがわからない現象、というけれど、そのわけがわからないことを解明していくのが科学の役割ではないのか」といわれてしまいそうですが、自然のなかには、規則性が存在するようでいて、結局ややこしくて見通しのきかない現象が存在する、ということが20世紀後半になって明らかになり、科学そのものに大きな転換をもたらす大発見とされているのです。

カオスはアメリカの気象学者エドワード・ローレンツによって発見されました。1961年のある日、ローレンツは気象現象の研究のためシミュレーションモデルを動かしていましたが、同じ初期値をもとに2回計算を行なったところ、まったく異なった計算結果が得られてしまったそうです。

当時の計算機では、計算結果や途中経過のデータを保存する機器の性能が低く、確認のために何度も同じ計算をする必要があったのでしょう。2回目の計算を行なうための初期値を入力した後、コンピュータが計算を行なっている間にローレンツはコーヒーを飲みに研究室を離れ、しばらくしてから戻ってくると予想外の結果になっていたので、たいへん驚きました。

コンピュータが壊れてしまったのか、などと悩んだようですが、結局、同じだと思っていた初期値が実は微妙に違っていたせいだということを突き止めます。1回目に入力した初期値が、四捨五入したかたちでプリントアウトされていた紙片をメモ代わりに2回目の入力を行なってしまっていたのです。1回目の初期値と2回目の初期値との違いは、5000分の1程度の小さなものでした。

ここで普通なら「ああ、間違いの理由がわかってよかった」と喜んでおしまい（筆者なら確実にそうでしょう）なのですが、ローレンツは一味違いました。「初期値のわずかな差が、やがて大きな違いとなって結果に表れる」という事実がもつ重大な意味を感じ取り、1963年に論文として発表します。

この論文でローレンツは、大気の流れを表す方程式を図3・5に示すように大幅に簡略化した3つの式からなる方程式系を例に、カオスの概念を議論します。図3・5

$$\frac{dx}{dt} = -px + py$$

$$\frac{dy}{dt} = -xz + rx - y$$

$$\frac{dz}{dt} = xy - bz$$

図3・5 | ローレンツがカオスの説明に用いた方程式系。ローレンツ方程式と呼ばれる。t は時間、x, y, z は予報変数を示し、p, r, b は定数である。1963年の論文では、p=10, r＝28, b＝8/3として行なった計算の例が示されている

の方程式は、数学になじみのない人にとっては少し抵抗があるかもしれませんが、空間を動き回るボールがあったと想像して、そのボールの位置を（x, y, z）の座標で表し、ボールが時間とともにどのように動き回るか、という架空の法則を記述したものだと思ってください。図3・5の左辺が、ボールが次に向かう方向を示しており、その方向が右辺の通りボールの位置（x, y, z）によって決まる、という法則です。

xyz 座標系のとある点から出発して、図3・5の規則にしたがってボールが動いた跡をつなげて図に表したものが図3・6です。なんだか蝶が羽を広げて飛んでいるような、きれいな形をしています。ボール

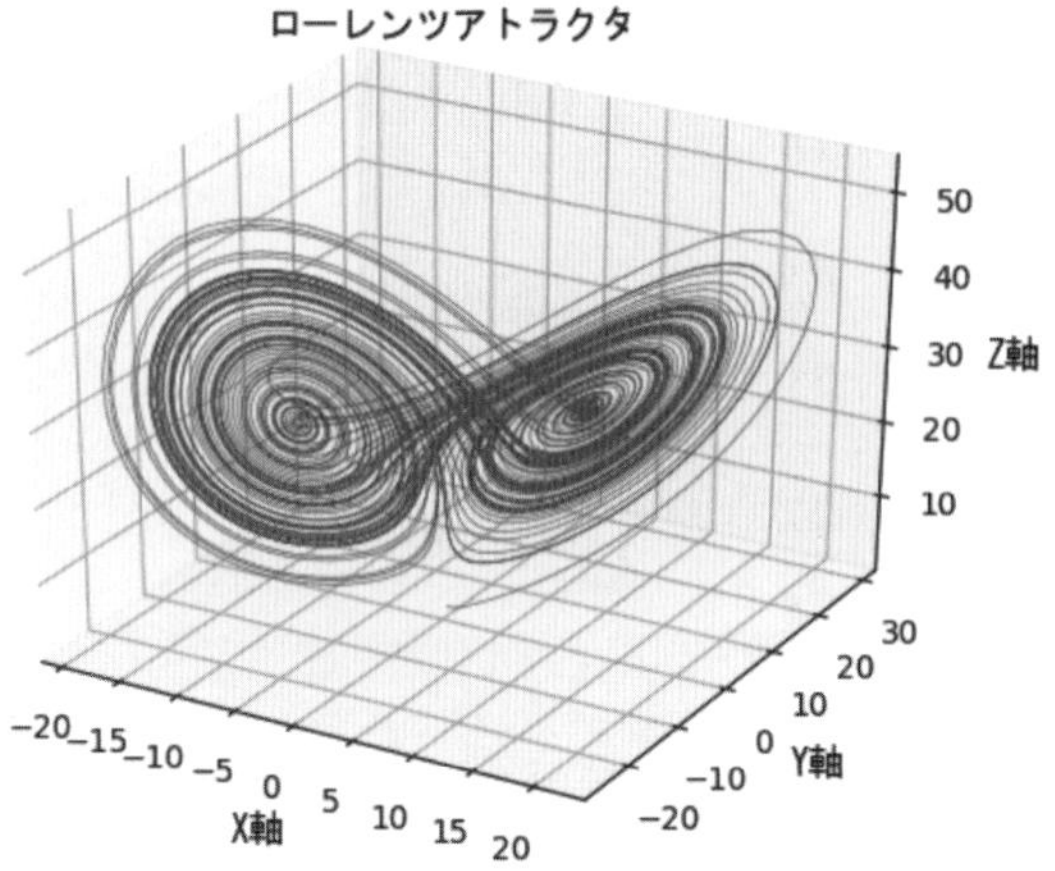

図3・6｜図3・5の数式が表す運動の軌跡。ローレンツ・アトラクタと呼ばれる

は片方の羽の上をぐるぐる回ったかと思うと、突然もう一方の羽に移動し、そこでまたぐるぐる回り始めるといった、一見予測不可能な動きをします。図3・5のような、比較的単純な数式で表される規則が、このような奇怪な振る舞いを示すというのは、とても興味深いことではないでしょうか。

図3・5の方程式には、まだまだ面白い性質が存在します。ボールの出発点をほんの少し、例えばボールの半径の1000分の1くらい、ずらしてやって動かし始めると、最初のうちは似たような軌跡を描きますが、そのうちどんどん離れていって、図3・6の蝶の羽のまっ

たく違った箇所を動き回るようになります。ただし、蝶の羽から飛び出してしまうということはなく、また例えば羽の上に小さな○印をつけて、ボールがその○印の内部を通過している時間の割合などの統計的な量を調べてみると、初期値を変えてもほとんど変化がありません。

なお図3・6の蝶の羽の形状は、「ローレンツ・アトラクタ」と呼ばれています。アトラクタというのは、遊園地の乗り物などを「アトラクション」と呼ぶのと同じ語幹をもった単語で、引き付けるもの、という意味です。ボールが蝶の羽をぐるぐるとめぐりながら、引き付けられたように決して離れない様子から、このような名前がついています。

図3・5の方程式は、現在ではローレンツ方程式と呼ばれ、さまざまな興味深い性質をもっていますが、文章で伝えるのには限界があります。フランスの数学者を中心として作成されたウェブサイト（http://www.chaos-math.org/ja/kaosu7qi-miao-naatorakuta）は、動画も用いてローレンツ方程式の不思議な魅力をわかりやすく日本語で解説しているので、一度ご覧になってみてはいかがでしょうか。

カオスと天気予報

話を天気予報に戻します。ローレンツ方程式の類推から、天気予報についてどのようなことがいえるか、考えてみましょう。ローレンツ方程式におけるボールの正確な位置（x, y, z）は、実際の気象においては気温、湿度や降水の有無など、大気の正確な状態、すなわち天気に相当すると考えられます。

天気予報では、本当の大気の状態になるべく近い初期値を作成して、そこから予報のためのシミュレーションをスタートさせていました。しかし、どんなに一生懸命に初期値をつくったとしても、本当の大気の状態と寸分たがわず同じものをつくることは不可能でしょう。もちろん、現在ある観測のネットワークを強化することで、本当の大気の状態に限りなく近い初期値をつくれるように努力することは大切です。でも、どんなに密に観測して初期値をつくったとしても、本当の大気の状態とは少し、ずれているはずです。

さてローレンツ方程式では、初期値がほんの少しだけずれると、しばらくのうちは似たような軌道を描くものの、そのうちかけ離れたところに行ってしまうということをお話ししました。これを気象現象にあてはめて考えると、本当の大気の状態から少しずれた初期値から始めたシミュレーションの結果は、しばらくのうちは本当の大気と似たような変化の様子をたどると期待できますが、そのうちかけ離れた状態になってしまう、ということになります。

本当の大気とシミュレーションとが似た変化を示すと、ある程度期待できる期間は、現在では2週間前後と考えられています。その2週間のなかでも、先になればなるほど、かけ離れた状態になってしまっている可能性は高まります。

もちろん、シミュレーションモデルが不完全で、本当の大気を完全に模倣したものではないせいで、予報が実際とずれてくるという要因もあります。でも、たとえもし、シミュレーションモデルが完璧だとしても、本当の大気とまったく同じ初期値をつくることは不可能、という覆せない事実のために予報期間を長くとることができない、という面も大きいのです。

いかがでしょう、天気予報用のシミュレーションモデルを開発している人たちが決して怠け者ではない、ということが理解してもらえたでしょうか。実際、気象庁でシミュレーションモデル開発に携わっている私の知人は、たいへんな働き者で優秀な人です。

アンサンブル予報

週間予報など、ある程度先の天気予報については、実際の大気とシミュレーション結果がかけ離れた状態になっている恐れがあることを述べました。こうした、ずれの拡大の問題に対応するために導入されたのが、アンサンブル予報と呼ばれる手法です。アンサンブルとは集合、集団といった意味で、個々のメンバーや要素が調和をなして全体を構成していることを強調するニュアンスが含まれています。音楽の合奏団のことをアンサンブルといいますが、これなどはそのニュアンスにぴったりの使い方ですね。

天気予報の話をするときにアンサンブルというと、大まかには、似たような設定のもと、少しずつ条件を変えた実験を多数行なうことを指します。図3・7に示したアンサンブル予報の概念図の通り、変える条件は多くの場合、初期値です。この章の初めのほうで、データ同化という手法でシミュレーションモデルを使いながら初期値を

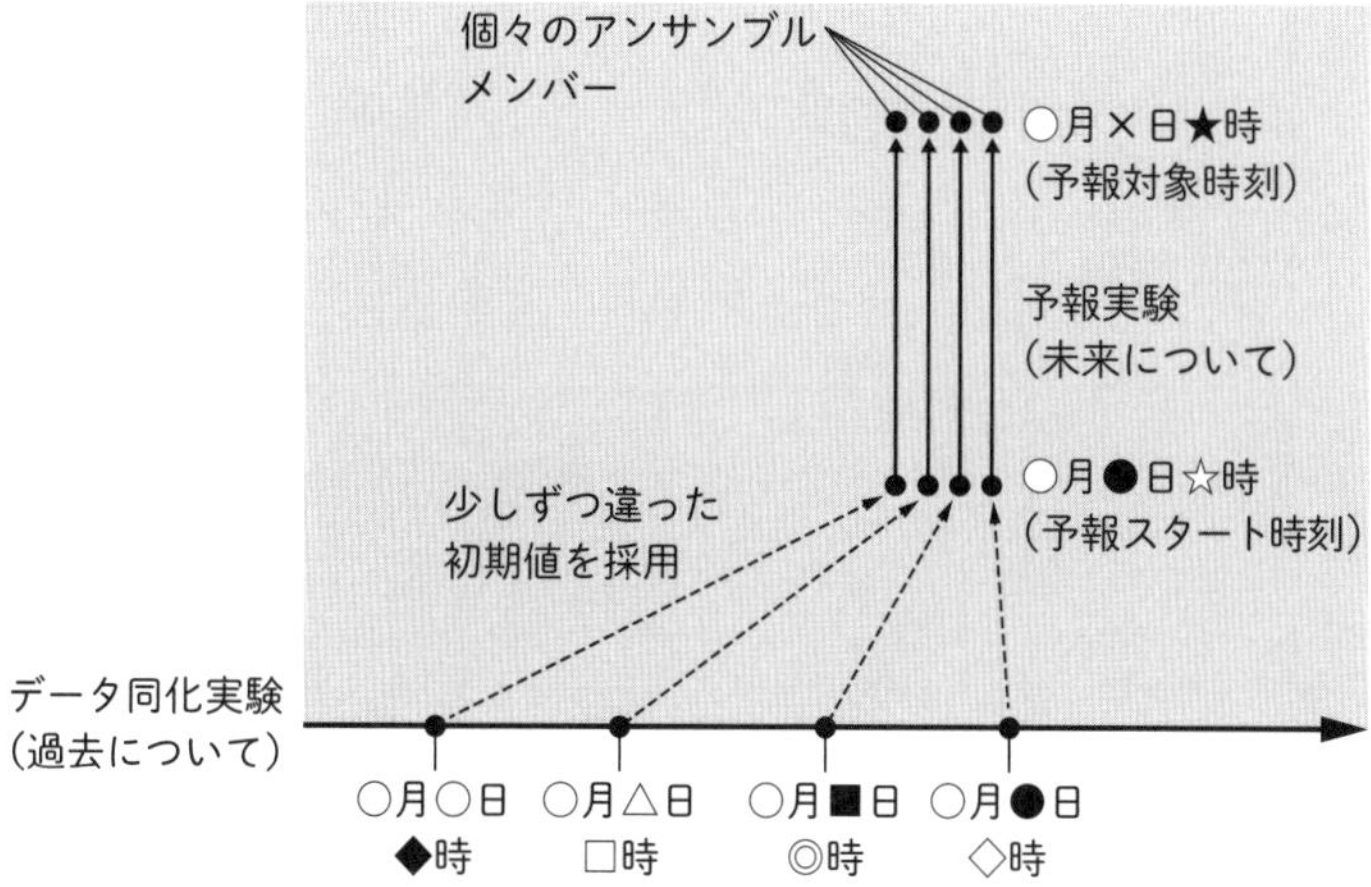

図3・7 | 初期値を変えて行なうアンサンブル予報の概念図

つくることを説明しましたが、このとき出力されるシミュレーションから、いくつか違う時刻の結果を取り出して初期値にするやり方が一般的です。このときの実験一つ一つをアンサンブルのメンバーと呼び、メンバーの数が多ければ多いほど予報の精度がよくなることが知られています。

ただしメンバー数が多くなると、それだけ計算は大変になりますから、シミュレーションモデルのマス目を決めるときと同様に、予報精度と計算時間とのバランスでメンバー数を決めることになります。2018年現在では、51のメンバー数で週間予報や台風予報などを行なっています。

週間予報の際には、これらのメンバーの

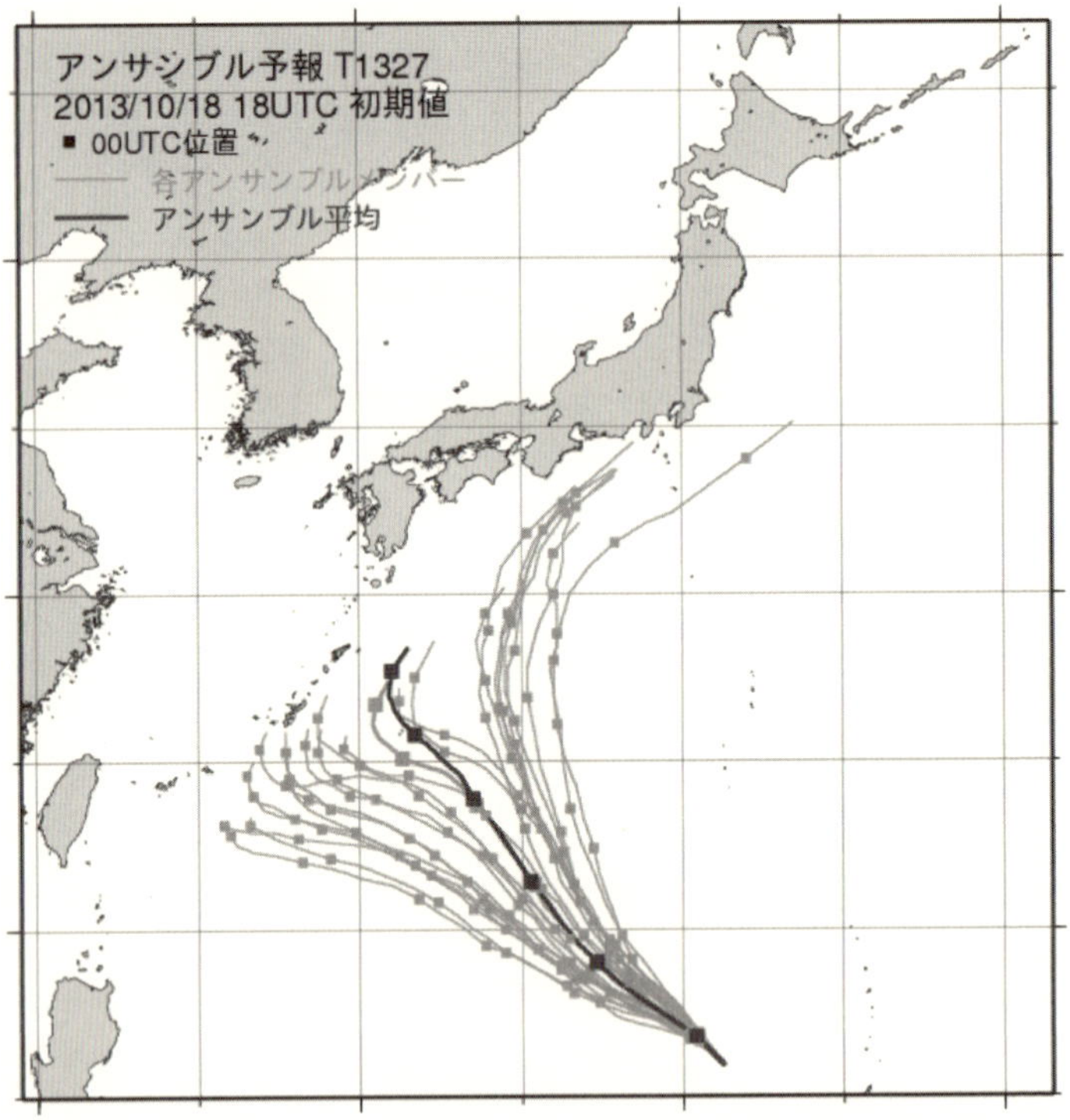

図3・8｜台風の進路をアンサンブル予報の手法で予報した例。2013年10月の台風27号についてのもの。オレンジ色の線が個々のアンサンブルメンバーの予報進路で、5日先までの進路を示している。図の出典：気象庁ホームページ

多くが同じようなシミュレーション結果を示しているときには信頼度の欄にAがつき、メンバーによって結果の差が大きいときにはCがつく、という具合に、アンサンブルの結果を判断材料の一つにしながら信頼度を決めていき

ます。

また図3・8は、台風予報についてアンサンブル計算を行なったときの結果を例示したものです。台風の中心が動いた後をたどった軌跡が何本も描かれています。線1本1本が各々のメンバーが予報した台風の中心の軌跡を示し、濃い線はそれらを平均したものです。初期値の違いによって、台風の進路がかなり違うことがわかると思います。予報を行なっている時点では、これらの軌跡のうちどれが本当の進路に近いのかわからないので、進路を一本の曲線で表すような断定的な予報はできず、予報円を用い、ある程度の幅をもたせた予報を発表するわけです。予報円を描くときには、アンサンブルが予報する中心位置の70％程度が内側に入るように円を描きます。

バタフライ効果

気象のカオス的特性について語られるときには、「バタフライ効果」という言葉がよく出てくるので、ここで触れておきます。この言葉は、ローレンツ自身が行なった講演のタイトルに由来するようです。ブラジルで一匹の蝶がはばたけば（つまり、そのぶんだけ予報のための初期値が変われば）、それが回りまわってテキサスでの竜巻の発生につながる、という印象的な言い回しで、初期状態が少しでも違えばその後の状態は大きく異なる、というカオスの特性を表現したものです。

そのインパクトの強さから科学の世界のみならず、映画や小説などにも顔を出す言葉です。だいぶ古い映画ですが、バイオテクノロジーで恐竜たちがよみがえるというストーリーで、１９９３年に公開され人気を博した『ジュラシック・パーク』（原作はマイケル・クライトンの小説）では、数学者の登場人物がバタフライ効果の説明をするシーンが出てきます。また、正直いうと私自身は見たことがないのですが、そのものずばり、『バタフライ・エフェクト』（２００４年公開）というタイトルの映画も存在します。過去に戻る能力をもった少年が、周りの人を幸せにしようと懸命に過去を変える努力をするというストーリーだそうです。このほか、バタフライ効果という言葉が出てくる映画、テレビドラマなどは枚挙にいとまがありません。

ただ、映画などでバタフライ効果という言葉が用いられるときには、「蝶のような一見弱弱しい存在でも、実は竜巻を引き起こすほどのパワーをもっている」というニュアンスがあることが多いような気がして、筆者としては若干の違和感をもつことがあります。こうしたニュアンスは間違いとはいえないのかもしれませんが、カオスの説明のところで述べたとおり、初期値が少しでも変わると後の状態が大きく変わるといっても、現象の統計的特性に変化はありません。テキサスである特定の場所、時刻で起こった竜巻は、ブラジルでの蝶のはばたきがなければ起こらなかったのかもしれませんが、蝶のはばたきがなければないで、他の場所、時刻で竜巻は起こっていたでしょう。

例えば図３・８の台風の進路予測にしても、ある初期値Ａから始めて一番東側のコースをとったときには、関東の人は台風の影響をいくらか感じるでしょう。また別の初期値Ｂから始めて、一番西側のコースを通ったときには、関東の人はほとんど影響を感じることはなく、今度は沖縄の人が影響を感じるはずです。このとき関東の人が、「初期値Ａには台風を引き起こすパワーがある」、あるいは沖縄の人が「初期値Ｂにはパワーがある」などといったとすれば、「それはおかしな話だ」ということになると思います。

いかがでしょう、「蝶のはばたきに竜巻を起こすパワーが潜む」というニュアンスに対する違和感を理解いただけたでしょうか。

ローレンツがカオスの理論を発表したときには、初期値に対して非常に敏感に反応する現象がありうる、ということに加えて、そうした一見、見通しのきかない現象に対しても、統計的なアプローチで理解は可能、という点も強調されていました。統計という分野に対するとっつきにくさのせいなのか、カオスの話が一般の方々の目に留まるときには、前者の特性ばかりが喧伝されて、後者の特質がなかなか伝えられていないような気がします。

後の章でお話しする地球温暖化予測に関して、「1週間先の天気もわからないのに、100年後の温暖化の様子などわかるわけがない」という批判がときどき展開されるのも、そうした背景があるのかもしれません。1週間先の天気は初期値に敏感に反応して変化するので予報期間には限界があり、100年後の温暖化予測は、長い期間にわたる気候の統計量を対象にするので、遠い先の予測もある程度なら可能なのです。

参考文献

Edward N. Lorenz (1963) Deterministic nonperiodic flow, *Journal of the Atmospheric Sciences*, 20, 130-141.

第4章

シミュレーションでわかる過去の地球

地球が46億年前に誕生して以来、地球環境は大きな変化を経験してきました。特に、数十万年前から現在までの気候の変遷については、地質学的なデータも多く集まっており、10万年周期のサイクルで寒暖を繰り返してきたことがわかっています。

こうした寒暖差は、主に地球と太陽との位置関係が周期的に変化することによるものです。このサイクルをシミュレーションモデルでうまく再現できれば、気候変動の原因についてよりよく理解できるとともに、地球温暖化など遠い先の予測シミュレーションを行なうときにも自信を与えてくれます。

本章ではまず、この10万年サイクルをもたらす太陽と地球の位置関係について説明します。そののち、この位置関係の情報をシミュレーションモデルに与えてサイクルを再現することで、どのような理解が得られてきているか概観します。

オンザロックか、科学データか

前の章では、日々の暮らしに役立っている身近なシミュレーションについてお話ししました。逆にこの章では、あまり実生活には役立っていないかもしれないけれど、日々の暮らしのこまごましたことなど忘れさせてしまうような、雄大で気の長いお話をしたいと思います。地球の歴史のなかで、気候がどう変わってきたか、そしてそれをどうシミュレーションモデルで再現するか、というお話です。

ただ、46億年の地球史すべてを相手にしてしまうととても紙幅が足りないので、ここではマンモスが生きていたような氷期と呼ばれる寒い期間と、現在のように比較的暖かな間氷期と呼ばれる時代の移り変わり、氷期―間氷期サイクルを主な対象とします。

突然ですが、読者のみなさんは、「南極の氷を使ったオンザロック」の話をお聞きになったことがあるでしょうか。南極の氷は、時折、南極観測に利用される砕氷船「しらせ」が南極から帰国したときに地元の人たちに配った、といった話が新聞に載ったりしますが、「しらせ」が地元に立ち寄るのを待たなくても、インターネットを通じて買うこともできるようです。

さて、オンザロックとはいいましたが、いや別に、お酒でなくとも、アイスコーヒーでも麦茶でも構いません。何か飲み物に南極の氷を入れて耳を近づけると、パチ、パチ、パチと、氷にたくさん含まれている気泡がはじける音がします。実はその気泡は、何万年も前に降り積もった雪と一緒に閉じ込められた当時の空気なのです。太古の空気が耳元で奏でるパチ、パチ、パチという音を聞きながら、南極で静かに降り積もる雪を想像し、ロマンを感じつつ飲み物を味わう、という趣向です。

ただし、科学的な目でみると、南極の氷を飲み物に入れてすぐ溶かしてしまうのは、実はたいへんもったいない話ではあります。南極の氷には、その氷ができた頃の大気環境についての情報がたくさん詰まっているのですから。オンザロックを味わうのを我慢して、氷に含まれる気泡の成分を分析すれば、その当時の二酸化炭素やメタンといった温室効果気体の濃度データが得られます。また、氷を構成する水分子を詳しく分析することで、次に説明するとおり、南極付近の気温もわかるのです。

同位体でわかる太古の環境

水分子は酸素原子と水素原子からできていることはみなさんもご存じだと思います。この酸素や水素の原子には、重さの違ういくつかの種類があります。酸素についていえば、軽い酸素原子は「酸素16」、重いものは「酸素18」と呼ばれます。こうした、重さは違うが原子としての性質はほぼ同じものをまとめて同位体といいます。酸素の同位体のほとんどは酸素16で、酸素18はごくわずかしかありません（両者の中間の重さをもつ酸素17という同位体もありますが、さらに存在量が少ないので、ここでは無視します）。

この酸素18を含む水分子は、酸素16を含む水分子より重い分だけ、ほんの少し蒸発しにくいという性質をもっています。そのため、海の水が蒸発して水蒸気になると、その水蒸気の中の酸素18の割合は、海の水よりさらに1％ほど小さくなります。そして、その水蒸気が凝結して雨や雪になるときには、逆に酸素18を含む水分子のほうが凝結しやすく、雨（雪）粒の中の酸素18の割合は、今度は1％ほど大きくなります。つまり、「蒸発→凝結」というサイクルを一度だけ経て降る雨や雪の酸素18の割合は、蒸発で1%減り凝結で1%増えますから、結局、もとの海水と同じ値になります。

しかし、話はそこで終わりではありません。空気中を漂う水蒸気は、一度雨や雪を降らせただけですべて海に戻るわけではなく、その後も空中を漂い続け、2度、3度と雨・雪を降らせます。雨や雪の中には、酸素18が高い割合で含まれているのですから、残った水蒸気の酸素18の割合は、どんどん減っていきます。すなわち、雨(雪)粒の中の酸素18は、蒸発した直後の水蒸気から降る場合は高く、時間を経て何度か雨や雪を降らせた後の水蒸気から降る場合ほど低くなることになります(図4・1)。

地球上では、気温の高い低緯度地域で蒸発が盛んな傾向がありますから、水蒸気が移動し気温の低い高緯度地域に到達する頃には、酸素18の割合がすっかり少なくなっています。そこで、大昔から南極やグリーンランドに降り積もった雪からできた巨大な氷の塊(氷床と呼ばれます)の中の酸素18の割合を詳しく調べれば、雪が降った当時の気温についての情報が得られる、というわけです。気温が低く、氷床の形成が盛んであるほど、海の酸素18は多く、氷床の酸素18は少なくなります。

氷床は専用のドリルによって数百メートルの深さまで採掘され、取り出されたサン

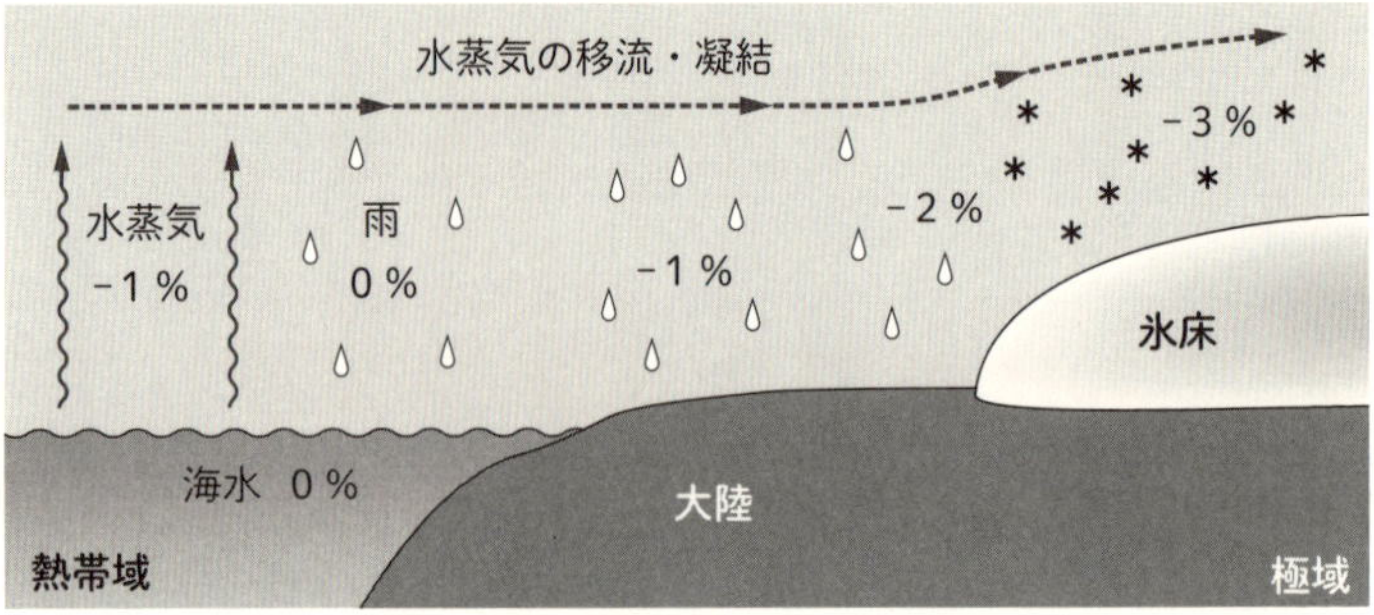

図4・1｜水の蒸発、大気による輸送、凝結に伴う酸素同位体比の変化。海水が蒸発して水蒸気ができるとき、酸素同位体比は標準よりおよそ1％（=10‰）、酸素16が多いほうにずれる。凝結の際に酸素18が選択的に取り除かれるため、水蒸気に含まれる酸素18の割合は、熱帯を主とする水蒸気の供給源から離れるほど小さくなる。Dansgaard（2004）および大河内（2008）をもとに作成

プルはアイスコアと呼ばれます。深いところから取り出された部分の気泡ほど、古い時代の空気を詰め込んでいるわけですが、より正確にはアイスコア中に含まれる火山灰と、過去の大規模な噴火記録を突き合わせたり、氷床の中の氷の流動を再現するシミュレーション結果と比較したりするなどして、気泡の正確な年代を決めていきます。

そうした分析で明らかになった、過去約40万年間の南極付近の環境変動の様子が図4・2です。二酸化炭素濃度、メタン濃度、気温といった要素が、一定の幅のなかで変動している様子が一目でよくわかります。

またもう少し詳しく見ると、面白いことに気がつきます。二酸化炭素、メタン、気

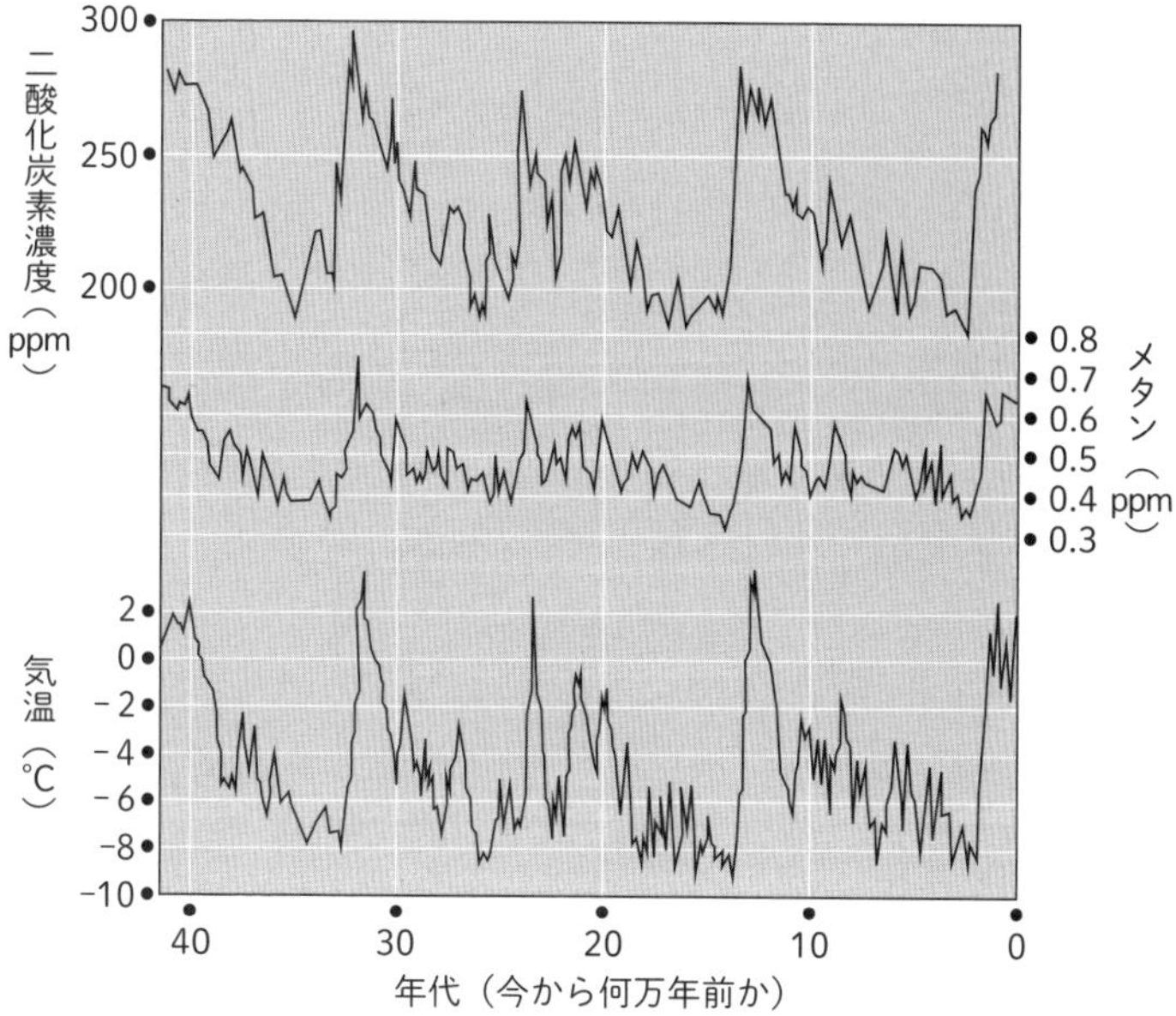

図4・2 | 過去40万年間にわたる、大気中の二酸化炭素濃度、メタン濃度、および南極付近の気温の変化。図の出典：Archer, (2007)

温のグラフはお互いによく似た形をしており、現在（横軸が0の付近）から約10万年さかのぼるたびに、グラフがぴょこんと跳ね上がったピークがあります。つまり、これら3要素が一緒に変動するような大きな環境変動が、約10万年ごとに起こっている、というわけです。

この章の冒頭で触れたように、こうした規則正しい変化のなかで寒い時期を氷期、現在のように比較的暖かい時期を間氷期と呼び、気候変動のサイクル全体を氷期―間氷期サイクルと呼びます。氷期―間氷期サイクルをもたらしている原因を理解するためには、地球が太陽の周りを公転しながらエネルギーを受け取る様子が、3種類のサイクルで変動することを知る必要があります。

ミランコビッチ・サイクルの話

3種類のサイクルのうち、歳差運動と呼ばれるものを最初に説明しましょう。地球の自転軸は、ちょうど「地球ゴマ」と呼ばれるおもちゃの回転軸のように回転運動をしており、およそ2万年で1周分のサイクルを完結します。この回転運動が歳差運動です。地球が太陽の周りを回る軌道が完全な円であれば、歳差運動は特に気候に影響を与えませんが、実際には完全な円ではなく、楕円形をしているため、この回転運動は地球の気候に影響を与えます（図4・3の〝P〟のところを見てください）。ご存じのように、自転軸の傾きのために季節ができるわけですが、現在の状態では、北半球の冬（つまり南半球の夏）に地球が太陽にもっとも近くなり、逆に北半球の夏（南半

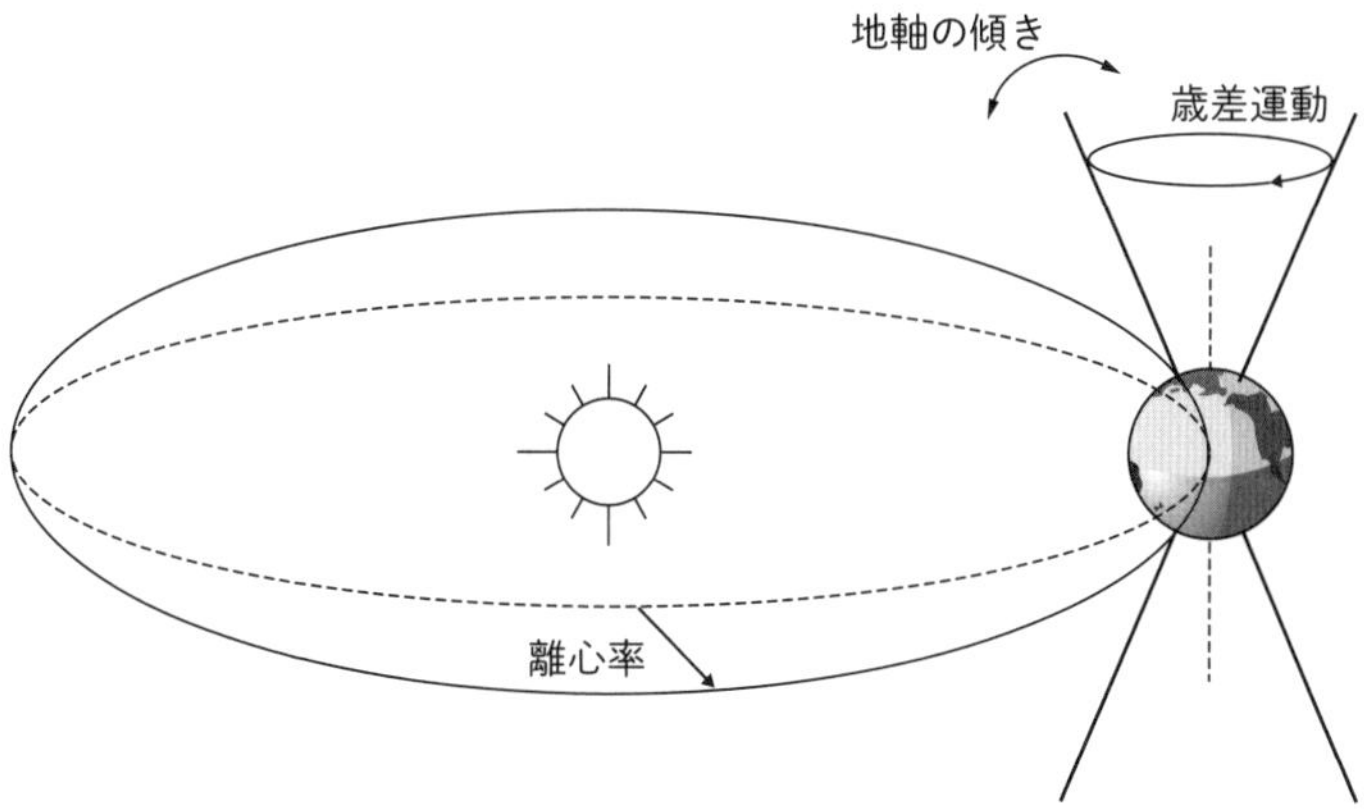

図４・３｜地球の軌道要素を表す模式図。図中の“P”が歳差運動（precession）、“T”が地軸の傾き（tilt）、“E”が離心率（eccentricity）を表す。IPCC AR4（2007）をもとに作成

球の冬）にもっとも遠くなります。このため、南半球に比べ北半球では、冬の寒さ、夏の暑さがともにいくらか和らぎます。逆に１万年前にはサイクルが逆の状態になっており、北半球のほうが夏、冬ともに厳しかったというわけです。図４・４に、過去80万年の歳差運動の時系列を示しておきます。

２つ目のサイクルは、地軸の傾きに関するものです。先に触れたとおり地軸の傾きは地球環境に季節をもたらす重要な要素で、現在その傾きは地球の軌道面に対して23・５度の角度をもっています。この角度が22度から25・５度の幅のなかで、約４万１０００年の周期で変動して

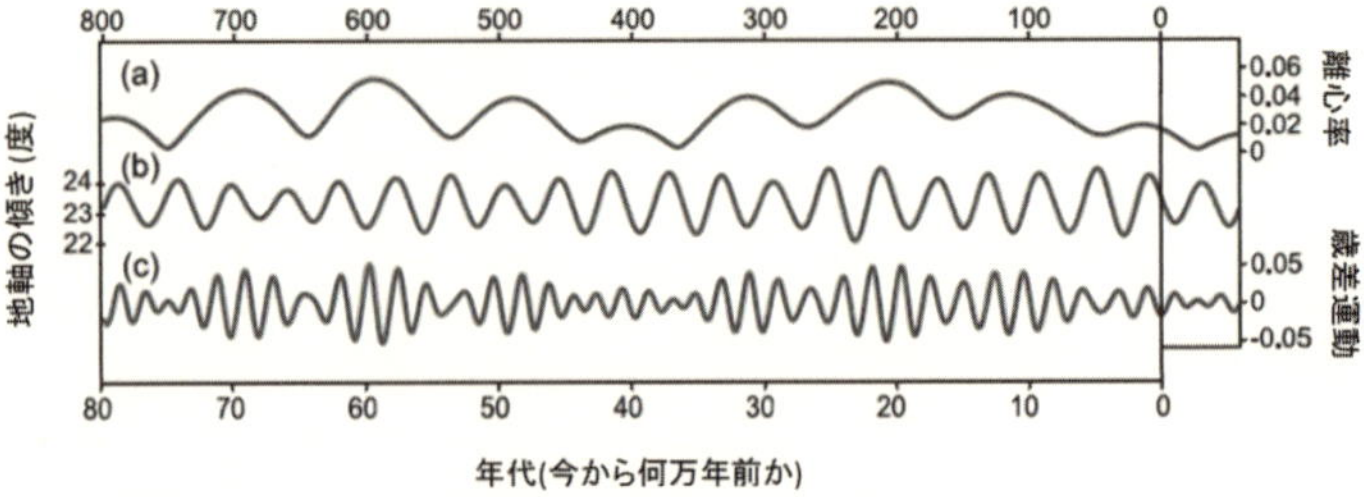

図4・4｜天文計算により得られた、(a) 離心率、(b) 地軸の傾き、(c) 歳差運動、の過去80万年にわたる変動。図の出典：IPCC AR5 (2013)

いるのです。地軸の傾きの変化は、特に高緯度地域が受け取る太陽エネルギーの量に大きな影響を与えます。

　最後に説明するのが、離心率と呼ばれる量に関するサイクルです。先ほど、地球の軌道は正確な円ではなく楕円の形をしているといいましたが、どれだけ軌道が円からずれているか、を表すのが離心率です。フランスパンのような細長い楕円形は離心率が大きく、円に近い楕円は小さくなります。離心率は、10万年と40万年の周期で変動することが知られています（図4・4）。離心率の変動は、最初に説明した歳差運動の影響の大きさを決めるのに重要な役割を果たします。つまり、離心率が小さくて地球の軌道がほとんど円になっているときは、地球と太陽との距離は常に一定ですから、北半球と南半球とでどちらの夏が暑いとか、冬が寒いとかいった違いは生じません。一方細長い楕円のときほど、太陽に近いときに夏になるのか、冬になるのかは、大きな違いとなって現れることになります。

さて、これまでに説明した歳差運動、地軸の傾き、離心率の3つを軌道要素と呼び、これらの軌道要素が合わさって織りなすサイクルは、変動の様子を最初に計算した人にちなんで、ミランコビッチ・サイクルと名づけられています。ミランコビッチ・サイクルに伴う変動では、地球全体が受け取る太陽からの熱の量はほとんど変わらないのですが、赤道付近にどのくらい、北極や南極付近にどのくらい、といった、地域ごとの配分が変わります。そしてこれまでの研究で、地球全体の気候に大きな影響を与えるのは、北緯65度の付近で夏にどのくらい太陽から熱を受け取るのか、であることがわかっています。

この北緯65度というのが急所になっているのは、氷期―間氷期サイクルに伴って氷床が拡大したり縮小したりする最前線にあたる場所だからです。夏の気温が大事というのは、冬はもともと氷点下の日が続くので、氷床の拡大・縮小に与える影響が小さいからです。夏の間、氷床に降り積もった雪が解けるほど暖かくなるのか、それとも雪を解かさず保てるほど寒いのかがカギ、というわけです。

急所にあたる北緯65度の夏の日射が少ないとき、氷床は緯度の低いところにまで達し、その面積を広げます。氷床が広がると、その表面が広いせいで地球が太陽光をよく反射するようになり、地面付近で太陽光をあまり吸収できなくなって、気温が下がる、というのが氷期–間氷期サイクルのもっとも基本的な要因です。

その他の要因

ミランコビッチ・サイクルに誘発される氷床の消長だけが、地球史上の大きな気候変動をもたらす原因ではありません。図4・2に示された二酸化炭素濃度の変動は、氷期に低くなっています。二酸化炭素は、次章で詳しく説明するように、「温室効果」という、地表面を暖める効果をもっているので、二酸化炭素濃度が減ることは、地球全体の気温を下げる効果をもっていたはずです。これまでの研究では、氷床の消長と二酸化炭素濃度の変動とがおおよそ同じくらいの寄与度をもって氷期―間氷期サイクルを駆動してきたといわれています。

ただし、図4・2に示された二酸化炭素濃度の変動がなぜ起こるのかについては、氷床の消長の場合ほどよくわかっているわけではありません。ただわかっているのは、海が二酸化炭素を溶かしたり放出したりする過程が大切だ、ということで、陸にある森林などは、氷期はあまり二酸化炭素を吸収せず、むしろ大気中に放出したであろう、といわれています。

海がどのようなメカニズムで、図4・2にみられるような大気中の二酸化炭素濃度の変化をもたらしていたのか、さまざまな説が提案されていますが、どれも決め手に欠けています。例えば、氷期においては海水温が低かったため、二酸化炭素をたくさん溶かしやすいといった効果がある程度効いていたのは確かなようです。また氷期は大気が乾燥していたため、地表面から砂ぼこりが巻き上げられやすく、砂ぼこりに含まれる鉄分が風に乗って豊富に海に供給されていたため、海の植物プランクトンの光合成による二酸化炭素吸収が促進されたという説もあります。

こうした説についてシミュレーションなどによる検証が行なわれていますが、それぞれ単独で二酸化炭素濃度をすべて説明できるほど大きくはない、ということがわかっています。現在のところは、いろいろな説で提案されている要因が重なって、このような変動につながったのだろう、といわれています。

数値シミュレーションによる古気候研究

いま現在は間氷期にあたるわけですが、その前の最後の氷期は2万1000年くらい前にピークを迎えたといわれています。こうした、大昔の気候の様子を古気候といい、古気候を調べるためにシミュレーションモデルを用いることが古気候シミュレーションです。

さて、その頃の気候の様子は、酸素同位体のほか、海底堆積物中の微生物の化石だとか、湖の底に降り積もった花粉の分析などにより調べられています。こうした地質学的データにより、最後の氷期における海面水温の分布など、さまざまなことがわかってきています。

しかし、昔の気温や水温を直接測ったわけではなく、間接的な情報をもとに推計したデータなので、どうしても高い精度は望めないうえに、データの種類や範囲が限られ、ある変化を起こした原因は何なのか、といった因果関係の検討がしにくい、という欠点があります。

シミュレーションモデルを使うことで、地質学的データがもつこうした欠点をある程度補うことができます。これまで説明したミランコビッチ・サイクルに伴う太陽光エネルギーや二酸化炭素濃度の変化を入力データとしてシミュレーションモデルに与え、シミュレーションの結果が地質学的データとよくマッチしていれば、地質学的データの精度に対してもシミュレーションモデルの性能に対しても一定の自信がもてる、というわけです。

ただしここで注意しなければならないのは、シミュレーションモデルのほうが信頼できるから、それとマッチすることで地質学的データにも自信がもてる、というわけではない、という点です。地質学的データにも、モデルの性能にも自信がないのだけれど、両方が一致した結果を示していれば、両方ともに自信がもてる、という話なので、たまたま両者が一致しただけで、結局両方とも間違っていた、という可能性もないわけではありません。

例えていえば、学校の試験で友達と答え合わせをするようなものでしょうか。自信がもてなかった問題について、試験が終わってから友達と話したらやはり同じ答えを書いていた、という経験はみなさんおありではないかと思います。自分も友達も同じような勘違いをして間違っていた、という可能性は否定できないものの、なんだか一気に自信が湧いてくるでしょう。

科学研究というと、はっきりした正解は何か決着をつけるもの、というようなイメージがあるかもしれませんが、案外こんなふうに曖昧なかたちで進んでいく面もあるのです。

古気候シミュレーションの入力データ　いまと何が違うのか

古気候を数値シミュレーションモデルで再現しようとするときには、気候を決めるいろいろな条件のうち、現在と異なるものを入力データとしてシミュレーションモデルに教える必要があります。そうした条件としては、これまでに説明した軌道要素のほかに、太陽光の強さ、二酸化炭素などの温室効果気体、火山などから放出される大気中微粒子（エアロゾル）、森林の分布や氷床の広がりなどの地表面の状態、などがあります。

まず太陽光については、太陽の進化についての理論的研究から、長い時間にわたって徐々に強くなってきたことが知られています。過去の太陽光の実際の強さは、アイスコアの分析などからわかります。太陽光の強さによって、窒素など大気中に含まれる物質の同位体が変わるため、アイスコアの気泡に残された過去の大気を分析することで太陽光の強さの見当がつく、というわけです。こうしたデータに、太陽の進化についての数値シミュレーションモデルから得られる情報も加味して入力データをつくります。

また温室効果気体やエアロゾルの推定にも同様にアイスコアから得られる情報が用いられるので、シミュレーションモデルを動かすためにもアイスコアは大活躍です。最後の地表面状態については、湖の底の堆積物に含まれる花粉の分析や岩石の分布などからわかります。

このように、さまざまな工夫に基づいて入力データが推定されるわけですが、なにぶん直接測ったわけではないので、現代の観測データに比べれば精度はどうしても悪くなってしまいます。現在の気候についてのモデル結果を観測データと比較するとき、観測とシミュレーション結果がずれているときには、基本的にシミュレーションモデルの性能に問題があるとして議論が進められますが、古気候シミュレーションの場合には、シミュレーションモデルそのものの性能だけではなく、入力データの精度があまりよくないせいで再現性が悪くなることも十分ありえるので、この点には注意が必要です。

最終氷期のシミュレーション

古気候に関するシミュレーションは、遠い昔のことを取り扱っているので、これまで述べてきたとおり、シミュレーション結果の不確実性が大きくなります。シミュレーション結果が必ずしも正しくない、という点に注意を払うべきなのは現在の気候についても同じですが、古気候においては特にそう、といえます。

こうした不確実性に起因する問題を少しでも和らげようと、世界で古気候のシミュレーション研究に取り組む科学者が協力し、「古気候モデル間相互比較プロジェクト」という活動が展開されており、英語名称Paleoclimate Model Intercomparison Projectの頭文字をとってＰＭＩＰと呼ばれています。

世界各国の研究機関が独立に開発したシミュレーションモデルによる古気候のシミュレーション結果を持ち寄り、多くのシミュレーションモデルで共通している部分はどこか、シミュレーションモデルによりばらつきが大きい部分はどこか、といったことを検討することで、シミュレーション研究から確実にいえる点、あまり自信をもてない点を明確にしていこうという活動で、これまでたくさんの研究成果を挙げてきました。

１９９０年代初め頃に始まった第1次計画から続き、２０１０年前後に展開された第3次計画では、世界から10ほどの研究機関が結果を提出しており、日本からは、気象庁気象研究所の研究チーム、東京大学大気海洋研究所と海洋研究開発機構の合同研究チームが参加しています。

古気候のシミュレーションでは、前に述べたとおり、入力データの精度があまり高くありません。したがって、どういった入力データを用いるかについては慎重な検討が加えられます。ＰＭＩＰでは参加研究チーム間で議論を重ね、同意を得たうえ

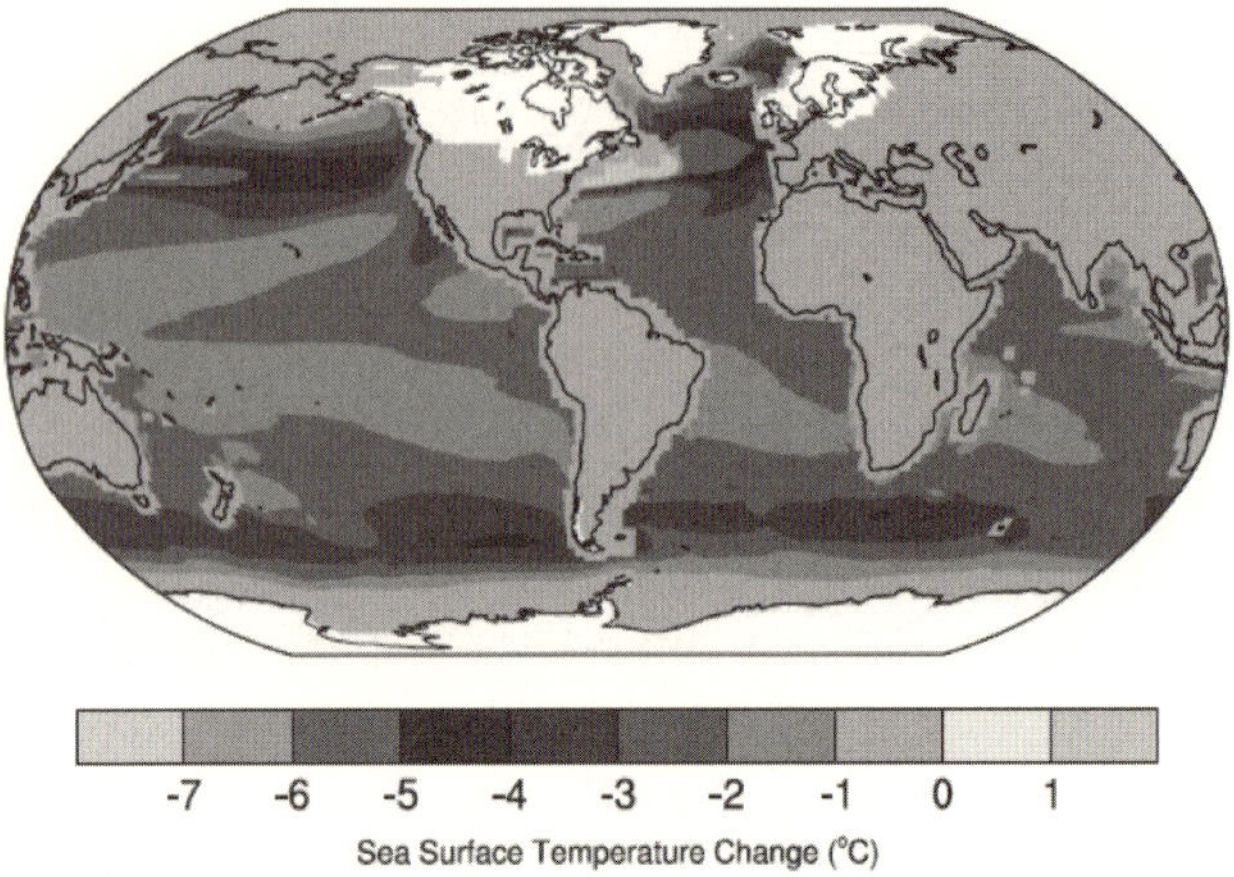

図4・5｜最終氷期についてのシミュレーション結果。図の出典：IPCC AR4（2007）

で共通の入力データを用いることになっています。共通の入力データを用いることで、シミュレーション結果の差異が入力データの違いによるものではなく、シミュレーションモデルの性能の違いによるものであることを保証することができます。

　このようにして、2万1000年前にピークを迎えた最終氷期についてシミュレーションを行なった結果を示したのが図4・5（口絵1）で、複数のシミュレーションモデルで得られた最終氷期の海面水温を平均したものです。現在と比べ、7度以上の大幅な水温低下がみられる海域もあれば、現在とそれほど水温が変わらない海域もあります。この図からだけでは、地球全体の平均で何度くらい温度が違っているのか判然としませんが、2013年発行の「気候変動に関する政府間パネル」(IPCC)の第5次報告書では、3~8度の幅で地表面気温の低下があったと結論づけています。

この3~8度という幅、単純に真ん中をとると5・5度ということになります。どうでしょう、マンモスが闊歩《かっぽ》していた最終氷期と現在の違いとしては、なんとなくイメージとして抱いていたものより小さいのではないでしょうか。次章でも触れますが、この3~8度という気温差は、人間活動が原因で起こる地球温暖化で今世紀末までに予測されている昇温量と同じ程度です。

このことから、将来の温暖化予測に用いるシミュレーションモデルの性能を評価するためにも、古気候は重要な研究分野だとみなされています。将来予想される温暖化は、直接の観測データが十分に得られるようになった数十年ほど前から、人間が経験してきた気候変動の幅を大きく超えているため、氷期―間氷期サイクルのように(思いのほか小さいとはいえ)大きな幅をもった変動をターゲットにしてシミュレーションモデルの性能評価を行なう必要があるのです。将来予測される温暖化と、最終氷期における寒冷化は、現在から見た変化の方向としては逆向きですが、温暖化に関する調査報告を行なう組織であるＩＰＣＣの２０１３年の第５次報告書で、古気候が丸々一章を割り当てられ大きく扱われているのはそのためです。

過去1000年の気候変動シミュレーション

ＰＭＩＰではさらに、過去１０００年間にわたる気候変動のシミュレーションも行なっています。最終氷期についてのシミュレーションでは、２万１０００年前に相当する太陽光の強さや温室効果気体の濃度、太陽光の反射・吸収に関わる大気中微粒子の量などを一定の入力データとして与え、シミュレーションを十分長い時間行なって、シミュレーションモデル内の気候が落ち着いたところを見ていました。それに対しこちらは、そうした入力データを過去１０００年にわたり時間的に変化するものとして与えるため、最終氷期とはまた違った意味でのシミュレーションモデルの性能評価にもつながります。

また主にヨーロッパでの古気候研究から、過去１０００年間には西暦９５０～

1250年頃に「中世気候温暖期」と呼ばれる温暖な時期が、同1450〜1850頃に「小氷期」と呼ばれる寒冷な時期があったことが知られています。太陽活動が活発になったり不活発になったりする変動が主な原因だといわれていますが、その後の研究により、全地球的な変動というよりは、ヨーロッパを含む一部の地域で起こっていたものだという話になってきています。こうした気候変動のメカニズムや広がりを理解するうえでも、過去1000年のシミュレーションは役立ちます。

中世気候温暖期に関連して、「赤毛のエイリーク」の話を読者のみなさんはご存じでしょうか。ヨーロッパ人として初めてグリーンランドを発見した人です。もともとノルウェー生まれのバイキングですが、なかなかのやり手だったようで、移住先のアイスランドで農場経営により財を成します。それがために周囲といさかいも多く、最終的にはなんと殺人の咎《とが》でアイスランドを3年間追放されてしまいますが、この後の放浪の最中にグリーンランドを発見します。中世温暖期のただ中にあった当時のグリーンランドは、現在ほど氷に広く覆われておらず、豊かな植生もあったといいます。この景観を目にした赤毛のエイリークは、魅力的な名前で彼の後に続く入植者を増やそうと、この地を「グリーンランド」と名づけました。

追放期間が終わってアイスランドに帰還後、赤毛のエイリークはグリーンランドへ移住するバイキング仲間を集め、グリーンランド南西部に定住地を設営します。その後はヨーロッパとの海産物などの交易で人口も増え、13世紀頃には3000～5000人の人口があったといわれています。

ところがその後、15世紀頃には小氷期の寒冷化が始まり、バイキングの入植地は全滅してしまいます。現在のグリーンランドはデンマークの自治領になっていて、住んでいる人は18世紀以降に再入植した人たちですが、現在の自治領首都ヌークはエイリークが最初に設営した定住地の一つであり、彼の足跡の大きさがうかがわれます。こうした歴史との関連に思いをはせながらシミュレーション結果を眺めることができるのは、過去1000年間のシミュレーションの楽しさの一つです。

さて、話をもとに戻しましょう。図4・6（口絵2）は、各国の研究機関からPMIPに提出されたシミュレーション結果の北半球平均気温の移り変わりを示しています。太陽光に関する入力データを2通り変えたシミュレーション結果の平均気

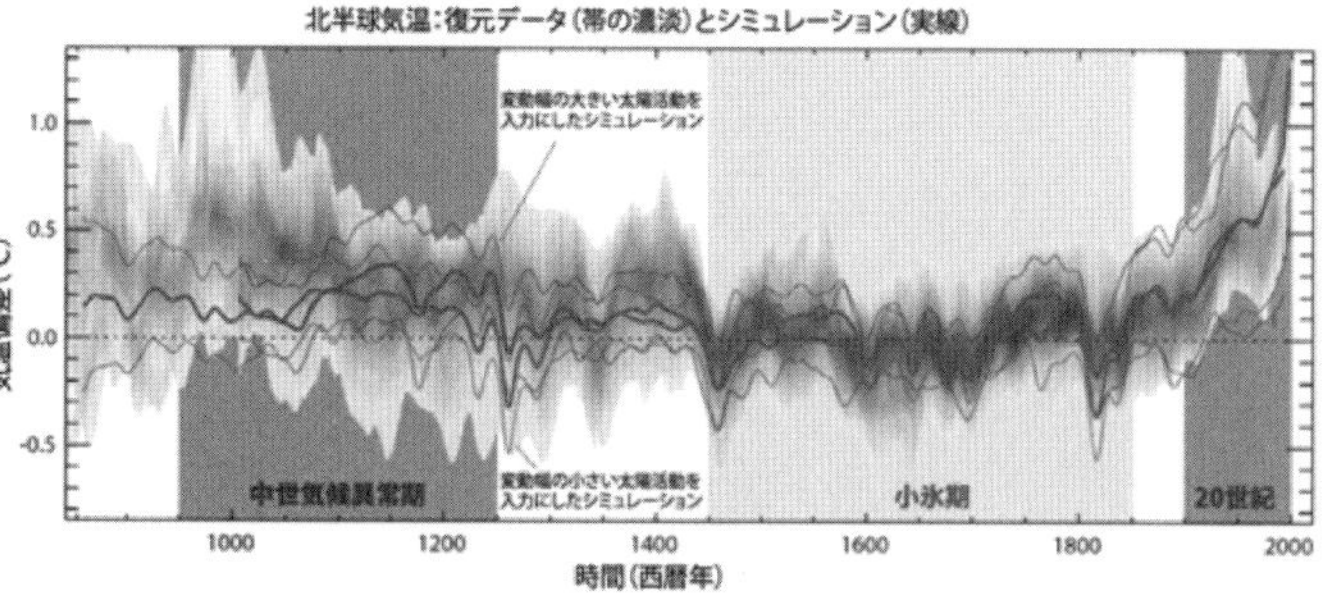

図４・６｜過去約1000年についての復元データ（帯の濃淡）と気候モデルシミュレーション（実線）による北半球平均気温の比較。図の出典：IPCC AR5（2013）

温を青太線、赤太線で示し、シミュレーションモデルごとのばらつきの幅を同色の細線で示しています。グレーの帯は、木の年輪の幅など、地質学的データから復元した気温推定値とその誤差範囲を示しています。シミュレーションの結果はグレーの帯の範囲内に入っており、地質学的データに基づく気候変動の様子をそれなりに再現しています。中世気候温暖期と小氷期の寒暖の差も、なんとなくシミュレーション結果で現れているように見えます。中世気候温暖期や小氷期は、一部の地域のみの現象らしい、と前に述べましたが、北半球全体で平均をとっても残る程度の広がりはもつ現象だったのかもしれません。

またシミュレーションの結果は、火山噴火のたびに大きく気温が下がったことを示しています。

例えば1820年頃、シミュレーション結果、地質学的データとも、突然の気温低下を示しています。ほかにも何か所か見られるスパイク状のこうした変化が、火山噴火に起因するものです。火山噴火が気温の低下をもたらすことは以前から知られていましたが、これまで想定していたより影響が大きいかもしれないということが、シミュレーションの結果からわかってきました。このことは、現在や将来の気候をシミュレーションで研究するときにも重要な情報といえます。

古気候研究が投げかける問い

PMIPで行なった最終氷期についてのシミュレーションは、2万1000年前に相当する入力データを与え、それに対するシミュレーションモデルの応答を見ていました。入力データには、氷床がどれくらい広がっていたか、などの情報が含まれています。

しかしよく考えてみると、現実の世界では、こうした入力データの値も地球上の何らかのプロセスを経て決まっているはずです。前に説明した軌道要素は地球外の要因で決まっているので、これはシミュレーションモデルの外から与えないといけませんが、本来であれば、軌道要素の変化による太陽光の変化さえシミュレーションモデルに教えてやれば、あとはシミュレーションモデルに含まれるプロセスの結果として、氷期—間氷期のサイクルが再現されてしかるべきです。

こうしたサイクルを自前で再現することは、最先端の気候シミュレーションモデルでもまだできていません。しかし、東京大学大気海洋研究所の阿部彩子准教授らの研究グループが2013年に発表した研究は、詳細な氷床モデルと簡便な大気モデルとを相互作用させることで、10万年周期の氷期—間氷期サイクルが再現できることを示しました（図4・7）。軌道要素の変化による太陽光の変化を引き金として、氷床に関わるさまざまなプロセスが絡み合ってサイクルが形成されていることがわかったのです。

ここでいう「氷床に関わるさまざまなプロセス」というのは、氷床の消長で地面の「白っぽさ」が変わり、太陽光の反射率が変わる効果、またさらに氷床が自分の重みで地面ごとめり込むことで氷床のてっぺん付近の高度・気温が変わる効果などです。

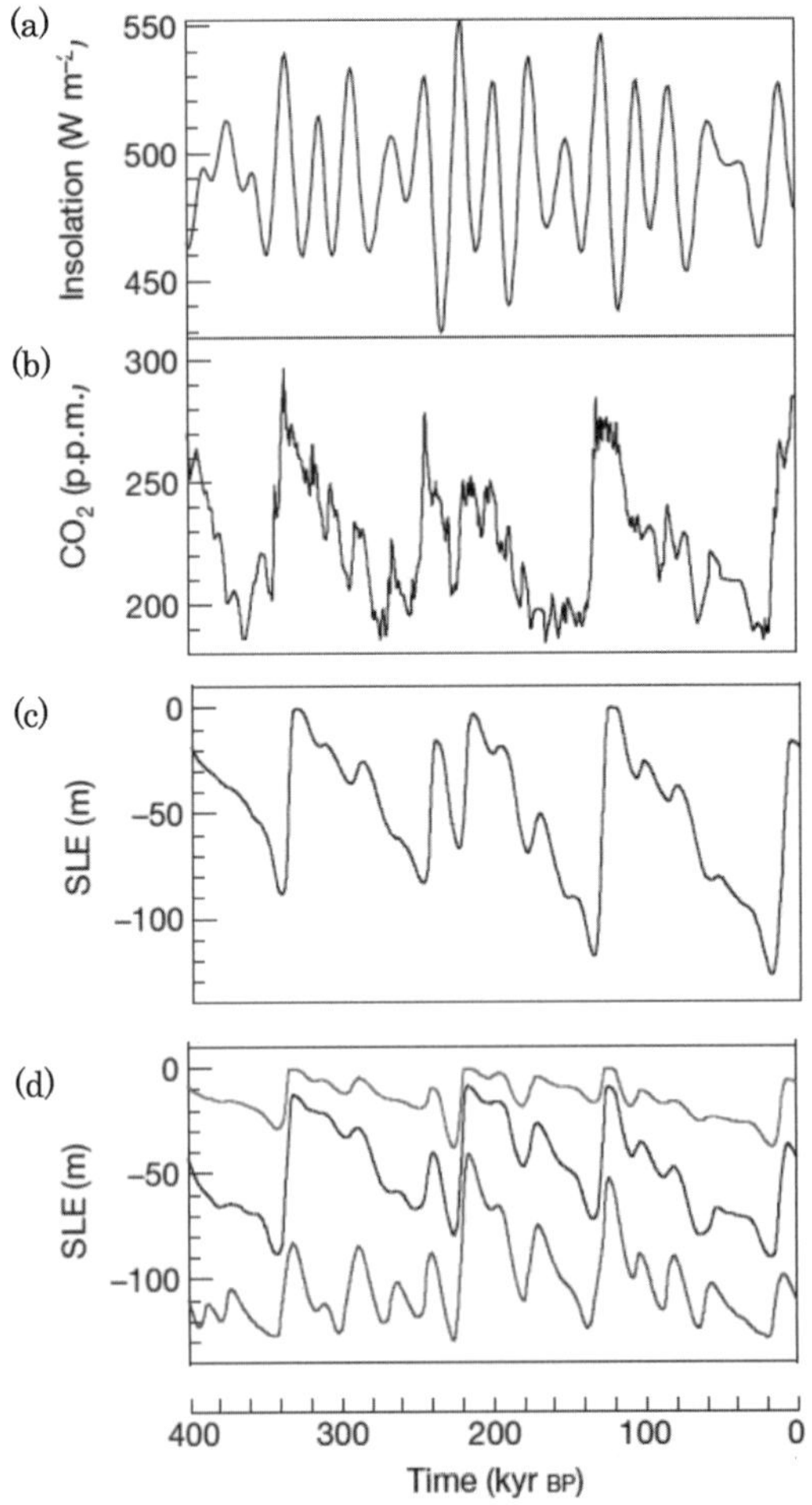

図4・7｜氷床モデルに、簡便な大気モデルを結合して得られた40万年間の氷期一間氷期サイクル。入力データとして与えた（a）太陽光、（b）二酸化炭素濃度。（c）図a，bの入力データに基づいたシミュレーションの結果得られた氷床量の変化。（d）入力する二酸化炭素濃度をそれぞれ（下）160ppm、（中）220ppm、（下）260ppmに固定して得られた氷床量の変化。図の出典：阿部ほか（2013）

今後は、簡便な大気モデルではなく本格的な気候モデルと氷床モデルを組み合わせ、氷期－間氷期サイクルを再現する研究も盛んになってくるでしょう。

さてこの研究は、氷期―間氷期サイクルに関してもう一つ面白い指摘をしています。二酸化炭素濃度の値が、氷期―間氷期サイクルの形状を決めるのに重要な役割を果たしている、という指摘です。この研究では、太陽光と同様に二酸化炭素濃度も入力データとしてシミュレーションモデルに与えているのですが、この外から与える値を変えてみた結果を示したのが図4・7です。二酸化炭素濃度が高くなると、平均気温が上がって氷床が小さくなり、先に述べた「氷床に関わるさまざまなプロセス」の効果が小さくなってくるためです。二酸化炭素の濃度は、氷期―間氷期サイクルの形状を決めるのに大きな役割を果たしているのです。

このような知見は、現在の人間活動が大気中の二酸化炭素濃度をどんどん上昇させている事実と合わせて考えると、深い示唆をもちます。人為起源の温暖化で将来予測される昇温の程度が、氷期―間氷期サイクルにおける気温の変動幅と同程度であることはすでに述べました。そればかりでなく、人間活動は、過去数十万年にわたって刻まれてきた地球環境のリズムを、すっかり変えてしまっているのかもしれないのです。

さらに、今後もたらされると予測されている温暖化は、これまで地球が経験してきた気候の変化のなかでももっとも急激な部類に入ります。何万年後かの古気候学者が、何らかの地質学的データから現在の温暖化を復元することができたとすれば、きっと氷期―間氷期サイクルなどとならぶ地球史上のイベントとしての位置づけを与えるに違いありません。

こうして見てみると、私たち人間は、石油や石炭などの化石燃料を使って便利な生活を送ることを通じて、地球の歴史に介入している、という言い方も、あながち大げさではないでしょう。私たち人間の存在が、地球の歴史にとってどういう意味をもつのか、そんな哲学的な問いを、古気候研究の成果は投げかけているような気がします。

参考文献

Ayako Abe-Ouchi, Fuyuki Saito, Kenji Kawamura, Maureen E. Raymo, Jun' ichi Okuno, Kunio Takahashi, and Heinz Blatter (2013) Insolation-driven 100,000-year glacial cycles and hysteresis of ice-sheet volume, *Nature*, 500, 190-194, doi:10.1038/nature12374.

D. Archer (2006) *Global Warming: Understanding the Forecast*, Wiley-Blackwell, 288pp.

W. Dansgaard, (2004) *Frozen annals: Greenland ice sheet research*. Copenhagen, University of Copenhagen. Department of Geophysics of the Niels Bohr Institute. 122 pp. ISBN 87-990078-0-0.

IPCC (2007) Climate Change 2007: *The Physical Science Basis. Contribution of Working Group I to the Fourth Assessment Report of the Intergovernmental Panel on Climate Change* [Solomon, S., D. Qin, M. Manning, Z. Chen, M. Marquis, K.B. Averyt, M.Tignor and H.L. Miller (eds.)]. Cambridge University Press, Cambridge, United Kingdom and New York, NY, USA.

IPCC (2013) Climate Change 2013: *The Physical Science Basis. Contribution of Working Group I to the Fifth Assessment Report of the Intergovernmental Panel on Climate Change* [Stocker, T.F., D. Qin, G.-K. Plattner, M. Tignor, S.K. Allen, J. Boschung, A. Nauels, Y. Xia, V. Bex and P.M. Midgley (eds.)]. Cambridge University Press, Cambridge, United Kingdom and New York, NY, USA, 1535 pp.

大河内直彦（２００８）『チェンジング・ブルー —— 気候変動の謎に迫る』、岩波書店、４０２ページ。

第5章

シミュレーションでわかる未来の地球

「地球温暖化」という言葉を聞いたことのある方も多いと思います。人間が石油や石炭を燃やしたときに出る二酸化炭素（CO_2）のために地球全体の平均気温が上がる、という問題です。

地球温暖化によって異常気象の発生や農作物の不作など、悪影響が出るかもしれない、と心配されており、政治問題としてニュースの話題にのぼることもしばしばです。

この章では、この地球温暖化の予測を中心として、100年、200年といった長い時間スケールにわたる未来の地球環境のシミュレーションについてみていきます。

地球温暖化の仕組み

地球温暖化が起こる仕組みについては、すでにご存じの読者も多いかもしれませんし、また第2章で放射伝達方程式の説明をしたところでも少し触れました。ごくごく簡単にいうと、人間活動によって大気中に増えた二酸化炭素が、地球全体を覆う毛布のような役割を果たし、地面を温めることによって起こるのが地球温暖化という現象ですが、ここではもう少し詳しい説明を加えておさらいをしておきます。

まず、図5・1aのように、太陽からの熱が地面を温めている場面を考えます。このとき、地面が熱を受け取ってばかりいては、地面の温度は際限なく上がり続けてしまいます。そうならないのは、第2章で述べた赤外放射として、地面が赤外線という目に見えない光のかたちで熱を放出しているためです。

赤外線というと、読者のみなさんは何を思い出すでしょうか。筆者はまずはコタツを思い浮かべます。また自動ドアなどの付近に人がいるかどうかを自動判別するのに赤外線センサが使われたりもします。このように日常生活で耳にすることの多い赤外

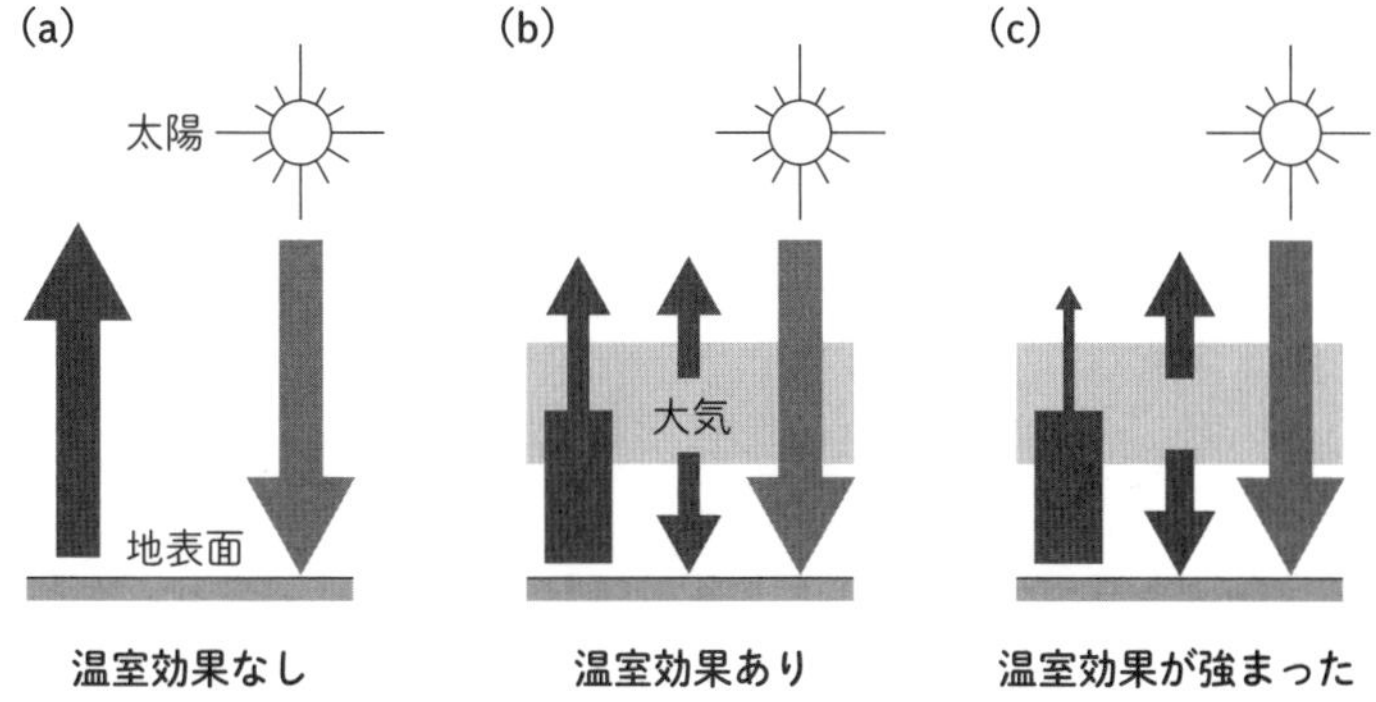

図5・1｜大気の温室効果

線という言葉ですが、実は私たち自身の体も、赤外線を放出しています。サーモグラフィという、図5・2のような画像を目にしたことがある人は多いと思います。人間の体や物体の、温かい部分を赤色で、冷たい部分を青色で示したもので、この画像は、人や物体から放出される赤外線をとらえているのです。温度の高い物体からは多くの赤外線が放出されるため、サーモグラフィで計測することによって、温度の分布を瞬時にとらえることができるわけです。

さて、「温度の高い物体は多くの赤外線が放出される」といいました。とすれば、図5・1aで、地面が太陽から受け取る熱と、地面から赤外線として放出する熱とが、ちょうど釣り合

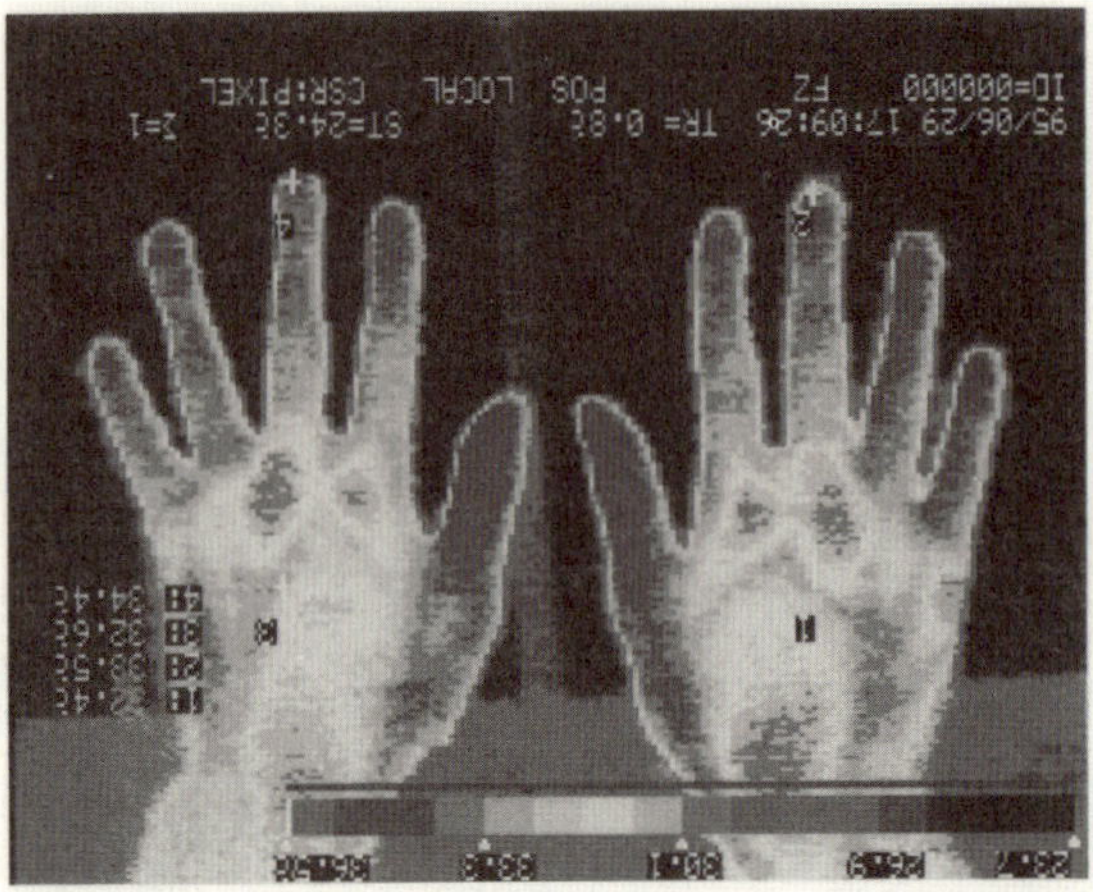

図5・2｜サーモグラフィの画像

う温度、というのがありそうです。そうなれば、地面の温度は上がりも下がりもしない安定した状態になります。そのような温度は、太陽光などの観測データをもとに実際に計算することができて、結果は摂氏マイナス18度、ということになります。

　マイナス18度というと、ずいぶん低い気温で、地球上にそれくらい寒い地域はあるにはあるのですが、全体の平均としてはちょっと低すぎ、という気がします。実際、地球全体の表面付近の温度の平均値はプラス15度くらいで、我々人間を含め、生き物が活動しやすい気温になっています。

　この、マイナス18度とプラス15度の、33度の温度差を生み出しているのが、水蒸気や二酸化炭素をはじめとする「温室効果気体」の作用です。こうした温室効果気体が地面から放出される赤外線の一部を吸収し、もう一度赤外線として上下方向に放出します（図5・1b）。つまり地面の立場で見ると、自分が放出した熱がもう一度戻ってくることになり、温室効果気体が存在しない図5・1aの場合に比べ、多くの熱を受け取ることになります。水蒸気や二酸化炭素といった温室効果気体のおかげで、地球全体の平均気温はプラス15度という過ごしやすいものに保たれている、というわけです。

二酸化炭素は温暖化問題を議論する際には悪役のイメージが強いかもしれませんが、地球環境を生き物にとって快適なものにするために大切な役割を担っているのです。ただ、図5・1cのように大気中の二酸化炭素濃度が増えると、地面に向かって跳ね返される赤外線の量も多くなり、地面がより暖かくなります。この図の状態が、地球温暖化が起こったときにあたります。

以下で述べるように、地球温暖化で起こる気温上昇は今後100年の間に摂氏で数度くらいであり、それだけで地球が生物の住めないような灼熱の地獄になってしまうという話ではありません。しかし、長い時間をかけていままでの地球環境に合わせて発展してきた自然の生態系や人間の社会が変化にうまく対応できるかどうかは、シミュレーションによる予測に基づいて、しっかりと検討しておく必要があります。

温暖化の検出

温暖化に関する調査報告を行なう国連の組織である「気候変動に関する政府間パネル」（ＩＰＣＣ）は、２００７年に公開した報告書で、「20世紀半ばから見られる平均気温の上昇は人為的な温室効果ガスの増加による可能性がかなり高い」と述べ、人間活動が原因で地球全体が暖かくなっていることをほぼ断定しました。

図５・３に示すとおり、人間活動による二酸化炭素排出によって大気中の二酸化炭素濃度が上がっているのは確かですが、気候が変化する原因には、そのほかにも、太陽活動の変化やエルニーニョなどの自然のゆらぎなど、さまざまな可能性があります。こうしたなかで、人間活動が原因らしいとどうしてわかるのでしょうか。

こうした問題を議論する際には、本来であれば地球を少なくとも２つ用意する必要

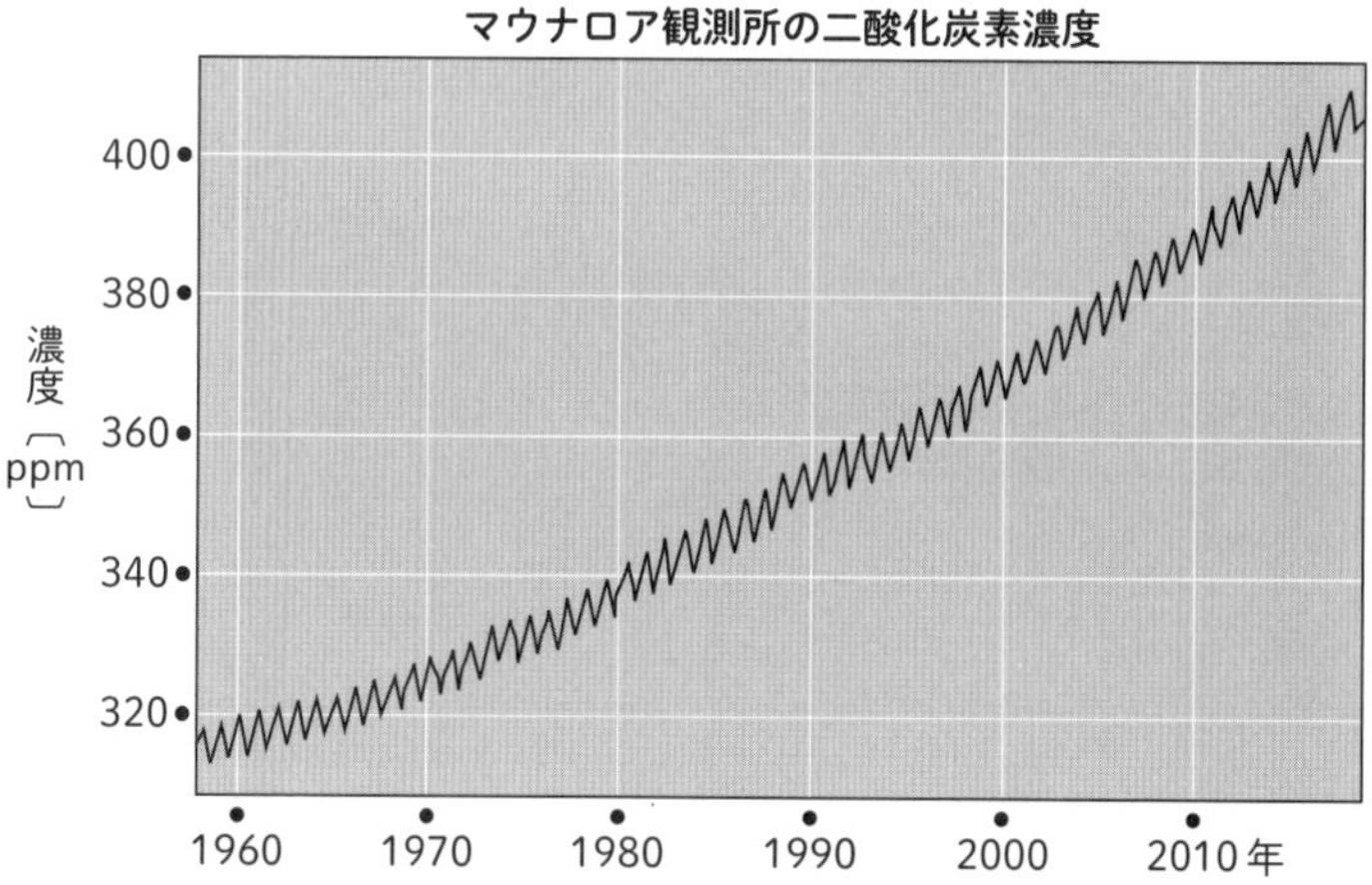

図5・3｜二酸化炭素濃度の変化。ハワイ、マウナロアでの観測に基づく

があります。片方では人間を自由に活動させておき、もう片方では人間に石油や石炭を燃やさせない状態を保ったうえで、2つの地球の気候の移り変わりを比較すればよいわけですが、もちろんそんなことは実際には不可能です。こうしたときに便利なのがシミュレーションモデルで、これならコンピュータのなかに何通りもの地球を模擬的につくり出すことができます。

図5・4a（口絵3）は、そのようなシミュレーションを行なった結果を表しています。上の図の黒い線が、観測された地球全体の平均気温の推移で、オレンジの線1本1本が、世界各国の研究機関で開発されたシミュレーションモデルによる、過去の

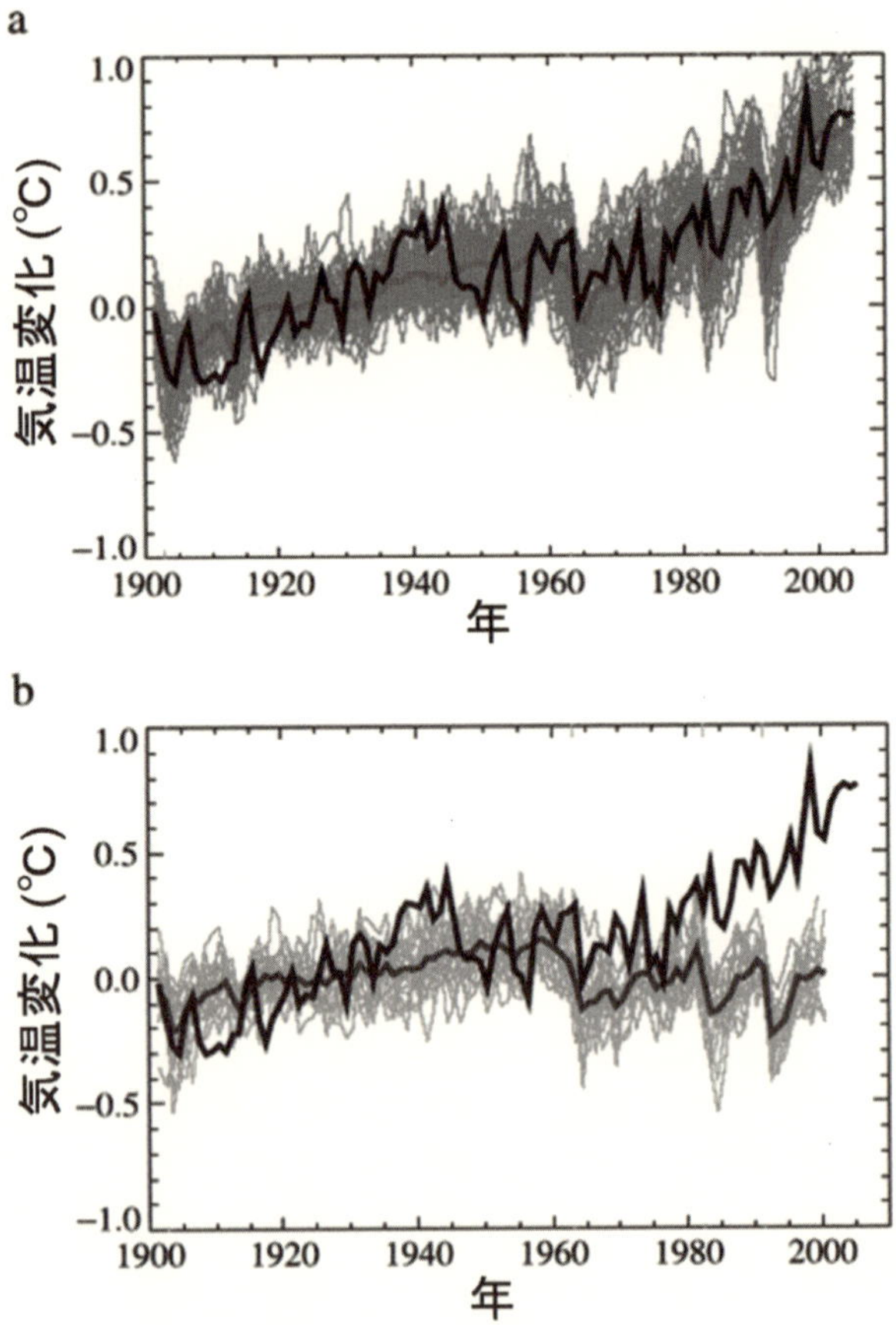

図 5・4 | 1900 年以降の世界平均の地表面気温の変化（黒実線）と、複数のシミュレーションモデルによる温暖化予測実験結果。(a) 人間活動による CO_2 排出を考慮に入れた場合（オレンジ線）。赤い実線は複数の実験結果の平均。(b) 人間活動による CO_2 排出を考慮に入れない場合（水色線）。青い実線は複数の実験結果の平均。IPCC 第一作業部会第 4 次報告書の図を改変

気候再現実験の結果です。観測に現れる細かいギザギザ（これは自然のゆらぎによるものです）まで再現できてはいませんが、総体としてみると、1940年前後には比較的暖かく、1960〜1970年頃に若干の寒冷化が起こったのち、1980年くらいから後は急激に温暖化が起こっている様子を、シミュレーションの結果は再現しています。

図5・4aのシミュレーションでは、人間活動の影響による二酸化炭素濃度の上昇が入力データとしてシミュレーションモデルに与えられています。先ほどの「2つの地球を用意する」という話でいえば、人間を自由に活動させておいた地球、にあたります。一方、図5・4bにある水色の線は、人間活動による二酸化炭素濃度上昇が起こらず、一定に保たれた場合のシミュレーションを表しています。こちらは、人間に石油や石炭を燃やさせなかった地球、にあたります（黒い線は、上の図と同様に観測データを示しています）。この下の図では、1980年以降の気温上昇が再現されていません。すなわち、1980年代以降の気温上昇は、人間活動による二酸化炭素濃度上昇を抜きに説明するのは難しい、ということになります。

このように、現実とはまったく異なる地球の状態を想定して、それと現実の地球とを比較できるというのが、シミュレーションを用いた研究のよいところです。シミュレーションによる研究は、物理学や生物学、化学といった分野でも重要な役割を担っていますが、実験室での厳密な比較実験が可能なこれらの分野と異なり、地球を2つ用意して比較実験を行なうことが不可能な地球科学の分野において、シミュレーションによる研究の相対的な重要度はさらに高いという気がします。

温暖化の予測

地球温暖化の予測には、大気の変化のほかに、熱や二酸化炭素の吸収で重要な役割を果たす海についても考慮する必要があるため、大気と海の流れの様子を両方取り扱う大気海洋結合モデルが多く利用されます。

このほかに温暖化予測に重要な要素として、二酸化炭素排出についての将来シナリオがあります。つまり、今後の温暖化の進行の速さは、人間がこの先どのくらい石油や石炭を燃やしていくかによって大きく変わってくるため、その点についての予測を立てる必要があるというわけです。

こうした予想は、あてずっぽうに立ててよいというものではなく、社会が発展していく過程についての深い知識が必要となるため、気象や気候の分野ではなく、社会経済分野の専門家が取り組みます。こうした場合にも、社会経済分野で発展してきたシミュレーションモデルというものがあり、過去の経済や技術の発展などをベースに組み立てられた社会の発展モデルを用いながら予想データを作成します。

社会経済分野の専門家が予想するといっても、将来の社会の発展や二酸化炭素排出量について「これだ!」というような決定版の予想をすることはできず、二酸化炭素排出が多いケース、少ないケースなど、何通りかのシナリオを立てることになります。このシナリオに基づいた将来の二酸化炭素の排出量と濃度の変化が、大気海洋結合モデルによる予測の入力データとなります。

こうした入力データをもとに、温暖化予測に取り組む世界各国の研究機関がそれぞれのシミュレーションモデルを持ち寄り、国際プロジェクトのもと共同で予測を行なっています。筆者が所属する海洋研究開発機構のグループも、この国際プロジェクトに参加して予測データを提出しています。

こうしたプロジェクトで行なう計算には、直接将来の気候を予測するもののほかに、シミュレーションモデルの性能をチェックするために過去の気候の移り変わりを再現できるかどうかを見る実験や、温暖化の進行に際して雲の増減や植物の光合成がどのような役割を果たしているかを見る実験など、数多くの実験が含まれています。そのすべてをこなすには、国内最高レベルのスーパーコンピュータを用いても1年以上の時間がかかります。提出するデータも、気温だけでなく数えきれないほど多くの種類におよび、それらをすべて指定された単位にそろえる必要があるため、提出のためのデータの整理などにも思いのほか多くの時間がかかります。そのため、データ提出の締め切りプレッシャーがかかる時期には、普段は仲のよいグループ内の人間関係も若干ギスギスします。

さて、こうして得られた予測結果は、ＩＰＣＣの報告書にまとめられており、図5・5がそれにあたります。図で、濃いシェードで示されている予測が、二酸化炭素排出が少ない場合で、ＲＣＰ２・６と呼ばれるシナリオ、薄いシェードが多い場合で、

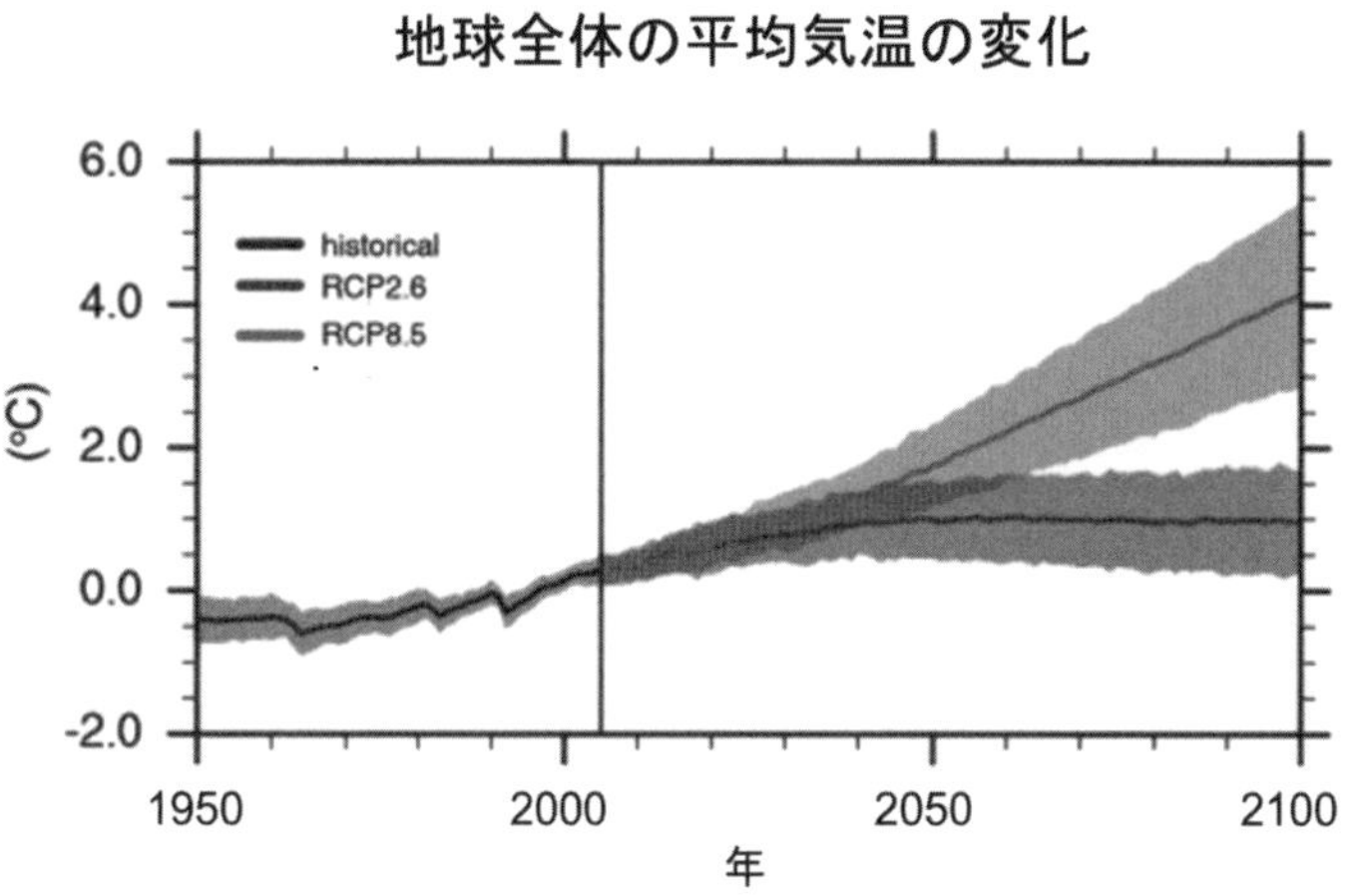

図５・５｜第５次結合モデル相互比較プロジェクト（CMIP5）へ提出された数値気候モデルにより計算された、1950年から2100年までの全球平均地表気温の推移。1986〜2005年の期間の平均値からのずれで表す。図のシェードがモデル間のばらつきを、実線が平均値を表す。IPCC 第一作業部会第５次報告書 Figure SPM.6 を改変

ＲＣＰ８・５というシナリオに相当します。この図を見ると、今世紀終わりの時点で、気温上昇の予測には現在に比べ０・３〜５・５度くらいの幅があり、シナリオによって大きな差があることがわかります。同じシナリオに対しても気温上昇の予測に幅があるのは、各国研究機関が持ち寄ったシミュレーションモデルによって、予測する気温に違いがあるためです。

こうした複数のシミュレーションモデルによる結果を平均して得られた、今世紀末頃の気温上昇の地理的分布を示したものが図５・

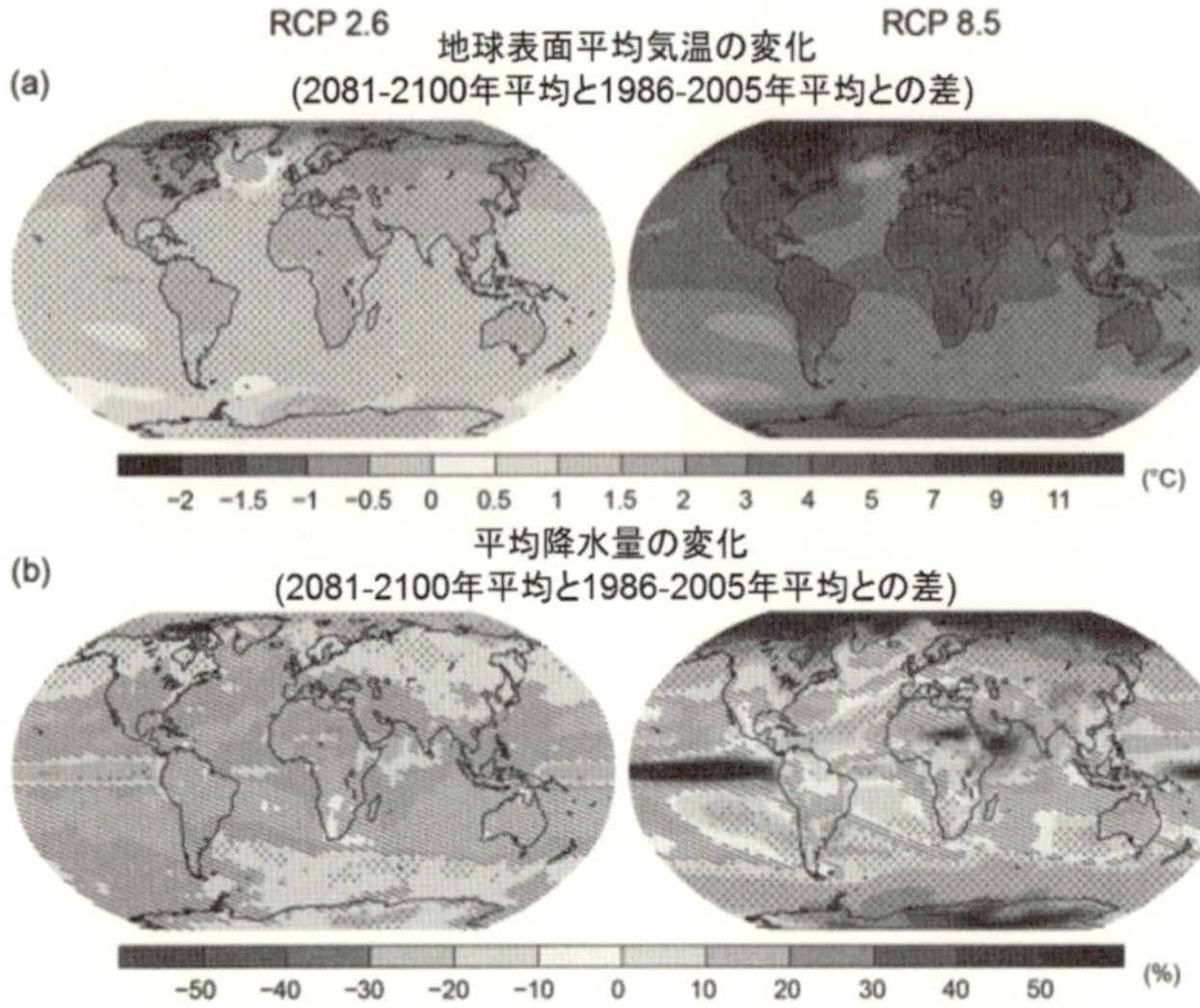

図5・6｜RCP2.6（二酸化炭素排出が少ない場合）、RCP8.5（多い場合）シナリオの下での、2081～2100年における（a）地表気温変化、（b）平均降水量の相対変化の予測分布図。第5次結合モデル相互比較プロジェクト（CMIP5）に提出された予測結果に基づいた平均値。IPCC第一作業部会第5次報告書Figure SPM.7を改変

6（口絵4）です。

図を見ると、特に北極付近で気温上昇が激しいことが目につきます。これは、北極付近でいったん気温が上がると、積もった雪や海に浮かぶ氷などが解けて、地面や海面の白っぽい部分が少なくなって太陽光が反射されにくくなり、地面や海面が正味で受け取る熱が増えるためです。夏の暑い日など、白っぽいシャツを着たときより、色の濃いシャツを着たときのほう

が、背中がじりじり焼けつくように熱くなりやすいのと同じ原理です。地球温暖化によって、北極付近一帯が色の濃いシャツへの着替えを無理やりさせられて、それによってさらに温暖化が促進されるという悪循環が起こってしまい、そのせいで図５・６ａのような分布になっているのです。

このように、地球温暖化といっても地球全体で一様に気温が上昇するわけではなく、変化の度合いは場所によりまちまちであることに注意する必要があります。

こうした温度変化は、図５・６ｂに示したような降水量の変化も引き起こします。気温が上がると、蒸発が盛んになり大気中に含まれる水蒸気が増えるため、地球全体として降水量は増えることになります。

ただし気温のときと同じで、地球全体でべったりと一様に降水量が増えるわけではなく、場所によっては降水量が減少する可能性があります。大まかにいうと、もともと蒸発が盛んで降水量が少ない地域ではさらに降水量が減り、逆にもともと雨がたくさん降る地域でさらに増える傾向があります。つまり世界全体で見ると、地球温暖化は水不足と洪水の危険性を両方とも増やす方向に働くことが予想されている、というわけです。

地球温暖化がもたらす環境変化がどの程度深刻なものかについては、この後で述べる影響評価のシミュレーション研究でいろいろ調べられていますが、そういった研究例を見ても、感覚的に、肌で深刻さを理解するのは難しいかもしれません。実は筆者自身もそれほど深く理解しているとはいいがたいのですが、ひとつわかりやすいのは、マンモスが闊歩していた最終氷期（7万〜1万年前）と現在の気候を比べてみることかもしれません。

第4章でも述べましたが、地質学的なデータから、最終氷期のなかでももっとも寒冷化の進んだ2万1000年前頃と現在との気温差は、地球全体の平均で3〜8度程度だといわれています。単純に真ん中をとると5・5度ということになります。先に述べた今世紀終わりの時点での気温上昇予測は、現在に比べ0・3〜5・5度ということですから、人間活動による気候変化によって、場合によってはマンモスの時代と現在との気温差に匹敵する気温上昇が今世紀末までにもたらされることになります。

大げさな表現になるかもしれませんが、人間活動の拡大は地球の歴史を変えているともいえ、アメリカの地球化学者ロジャー・ルベールとオーストリアの物理化学者ハンス・スースが1957年に残した「人類は過去に例がない、将来も再現されることのない類いの大規模な地球物理学実験をしている最中である」という言葉もうなずけます。

炭素循環のシミュレーション

さてこれまで、「人間活動による二酸化炭素濃度の上昇」といった表現を当たり前のように使ってきました。石油や石炭を燃やせば二酸化炭素が排出されるので、現在のように大量に石油や石炭を使えば、大気の二酸化炭素濃度が上昇するのは当然のような気もします。しかし、二酸化炭素が排出されれば、その相当部分が植物の光合成で吸収されたり、海に溶け込んだりして、大気中に残るのはもともと人間によって排出された二酸化炭素の一部でしかありません。しかも、一度光合成で植物に吸収された二酸化炭素も、そのあと落ち葉や枯れ枝となり、その大部分は微生物の働きで元の二酸化炭素に戻り大気中に放出されますし、海に溶け込んだ二酸化炭素も、その後植物プランクトンに光合成で吸収されたり、プランクトンの枯死体として深いところに沈んでいったりなど、複雑な経路をたどって海の中を移動します。

このように大気中の二酸化炭素濃度は、二酸化炭素がさまざまに姿を変えながら地球上をめぐる循環のなかで決まります。二酸化炭素の分子を構成する炭素原子と酸素原子のうち、炭素のほうが地球表層付近で比較的珍しい元素なので、炭素の循環を追っていくことで、大気中の二酸化炭素濃度が決まる様子を理解することができます。将来、二酸化炭素濃度がどの程度上昇するかについては、こうした複雑な炭素循環の現状のみならず、今後どのように変化していくかについても考慮に入れながら計算する必要があるため、やはりシミュレーションモデルが利用されます。

図5・7では、人間活動による毎年の二酸化炭素排出量を上側に、その行く先を下側にして、18世紀からの変遷を示しています。この上側のグラフから、地球温暖化の原因となる、人間活動による二酸化炭素の排出は2010年段階で年間100億トンほどになっていることがわかります。これは世界中の人が自分の体重の20倍ほどの炭素を毎年吐き出していることに相当します。

また下側のグラフからは、吐き出された二酸化炭素の半分ほどは海や森林に吸収され、残りの半分ほどが大気に残っていることがわかります。森林、草原など陸域植生

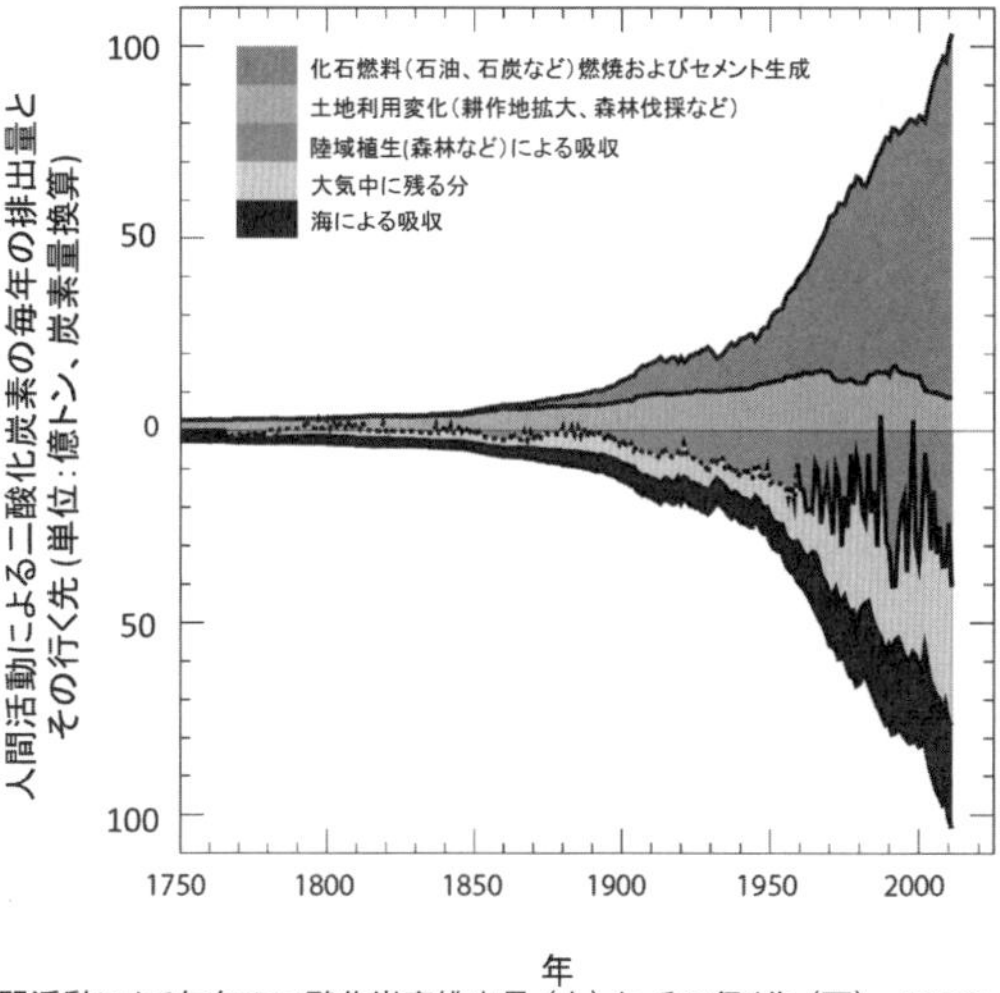

図5・7｜人間活動による毎年の二酸化炭素排出量（上）と、その行く先（下）。IPCC AR5（2013）を改変

による吸収量は、年による変動が非常に大きいことも見て取れます。これは、エルニーニョなどの気候変動の影響を受けているためです。

こうした炭素循環の様子をシミュレートするモデルを構築する場合、海の植物プランクトンや陸上の森林による光合成など、生き物の活動をシミュレーションモデルに組み入れる必要があります。ここで困るのは、第2章で説明したような大気や海洋の運動やエネルギーの伝達の場合と違い、生き物の活動には万人が認める運動方程式のような普遍的な法則が存在しない、ということです。

例に挙げた光合成一つとっても、植物の種類によって二酸化炭素を吸収する速さは違っているでしょうし、同じ種類の植物のなかでも個体ごとに差が出てくるでしょう。また光合成の速さに影響を与える要因として、光の強さや二酸化炭素濃度、気温、土に含まれる水分などが真っ先に思い浮かびますが、ほかに重要な要因はないのでしょうか？　例えば大気中の水蒸気量はどうでしょうか、また土の中に含まれる栄養分はどうでしょう？

生き物の活動をシミュレーションモデルに導入するときには、これら考えうる要因の間の関係を、実験や観測で得られたデータをもとに数式をつくっていきます。しかし、着目している現象（例えば光合成）を、どういった要因（光、気温、……）の関数として定式化するかとか、作成する数式の具体的な形式などは、「シミュレーションモデルをつくる人まかせ」であり、大気や海洋の場合のように、まずは運動方程式から出発しておけば間違いない、といった状況とは異なります。

このような状態で、地球規模の炭素循環をシミュレーションで表現するために地球全体に適用できる数式を確立するということは、はたしてできるのでしょうか。

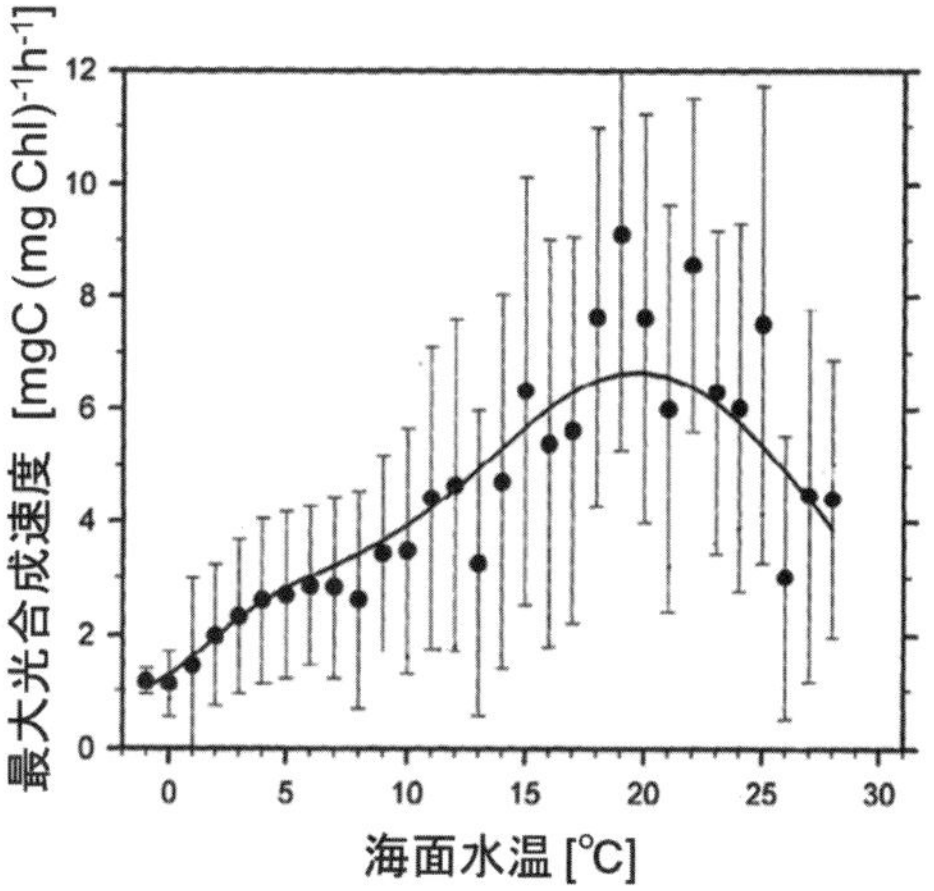

図5・8｜植物プランクトンの最大光合成速度 PBOpt（1mg の光合成色素から、1時間当たり何グラムの炭素が光合成されるか）と水温との関係。黒丸と誤差の縦棒がそれぞれ観測データの平均と標準偏差を表しており、実線は多項式による近似を図に描き入れたもの。Behrenfeld and Falkowski（1997）による図を改変

この問いに対して、100％の確信をもって「イエス」と答えられる研究者は、いまのところいないでしょう。しかし、長年のデータの蓄積に伴って、いくらか説得力のあるかたちで定式化ができるようになってきています。

例えば図5・8は、海の浅いところ（水深200メートルくらいまで）に生息する植物プランクトンが光合成を行なう能力と水温との関係を示したものです。黒丸が観測データの平均値を、縦棒がデータのばらつきの目安（標準偏差といいます）をそれぞれ表して

おり、1698の観測点から集めた1万1283のデータに基づいています。この図をまとめた論文では、栄養分などが光合成に適した条件を満たしている場合、植物プランクトンの光合成速度は最大でどれくらいになるか、という量（最大光合成速度）を水温の式として定式化しています。図の実線がその関数のグラフにあたり、たくさん並んでいる縦棒が元データのばらつきを示します。この図から、20℃くらいまでは温度が高くなるほど植物プランクトンの光合成が盛んになり、それ以上暖かいと光合成が抑えられることが見て取れます。

「ばらつきが大きすぎる」と感じる人もいるかもしれませんが、北極・南極域から熱帯域まで、さまざまな海域から集められたデータが、図5・8に見られるような、ある程度の規則性を見せるという事実は、多少なりとも勇気づけられる結果といえるのではないでしょうか。

さまざまなフィードバック

地表面付近の生物活動や化学反応を含んだ気候モデルを、「地球システムモデル」と呼ぶようになってきています。図5・9の模式図であらわされるような地球システムモデルが開発され、温暖化を予測しながら炭素循環の変化の予測も同時に行なえるようになると、温暖化と炭素循環の変化との相互作用を考慮しながら予測を行なえるようになります。

つまり、二酸化炭素が増えて温暖化が起こると、そうした環境変化は森林などの光合成の様子にも影響を与えます。森林が影響を受けると、二酸化炭素を吸収する量も変わり、それがまた温暖化の進行に影響を与える、という具合に、相互に絡み合いながら環境が変化していく様子を、直接シミュレートできる、というわけです。

この例のように、ある現象が発生したことにより他の物事が影響を受け、その影響が今度はもとの現象に影響を及ぼすことを、フィードバックと呼びます。フィードバックによりもとの現象が促進される場合は正のフィードバック、抑制される場合は負の

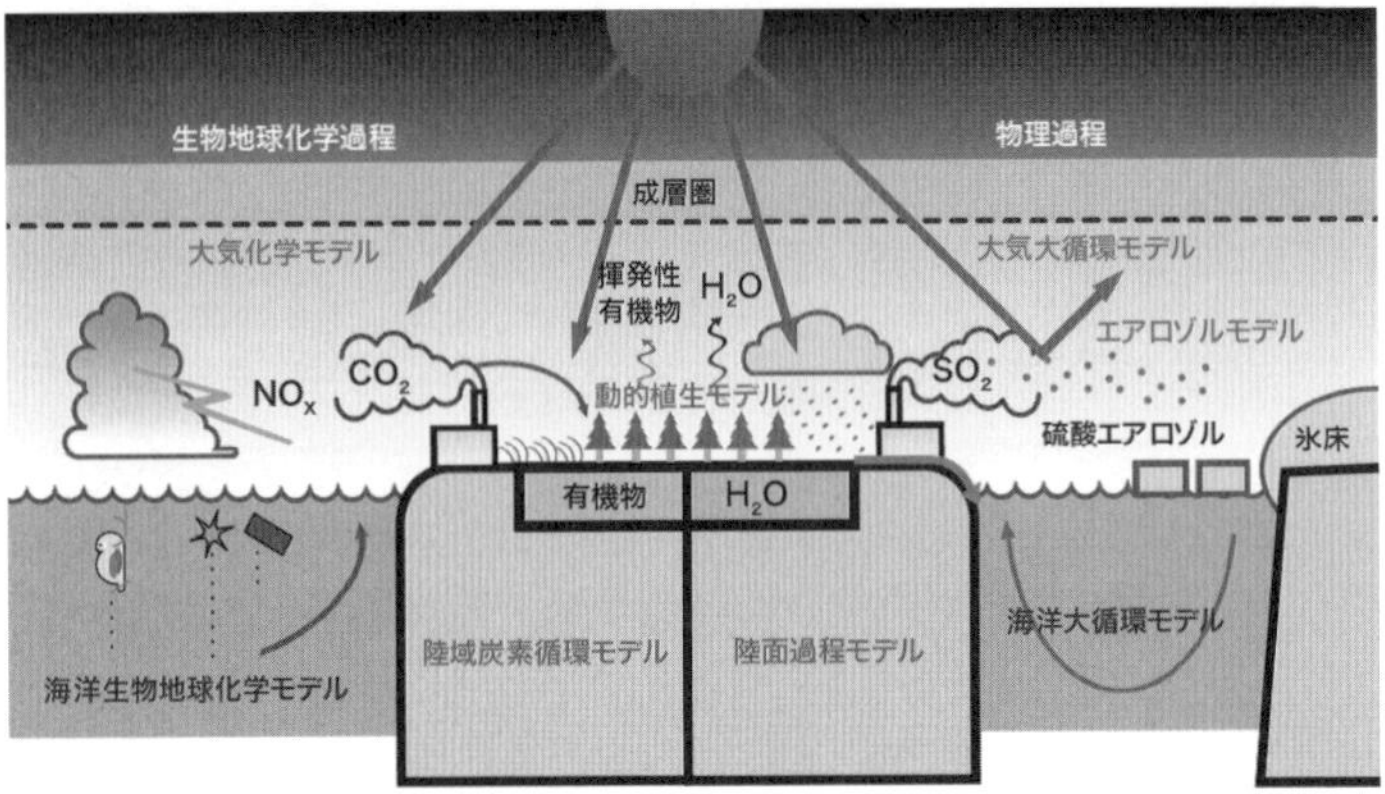

図5・9｜地球システムモデルの概念図。森林や海のプランクトン、大気中の化学反応などが地球環境形成に果たしている役割などが組み入れられている

フィードバックと表現します。

最近、シミュレーションを用いて温暖化と炭素循環の間のフィードバックを調べる研究が盛んになってきています。図5・10（口絵5）に示したのはそうした研究の一例で、この図の黒い線は炭素循環と温暖化が相互に影響を与えないとした場合、赤い線は与えるとした場合の温暖化予測結果を表しています。また世界のいろいろな研究機関による予測を示しているため、線がたくさん引かれています。この図から、温暖化と炭素循環の相互作用を考えると温暖化が促進される傾向にある、すなわち、温暖化と炭素循環

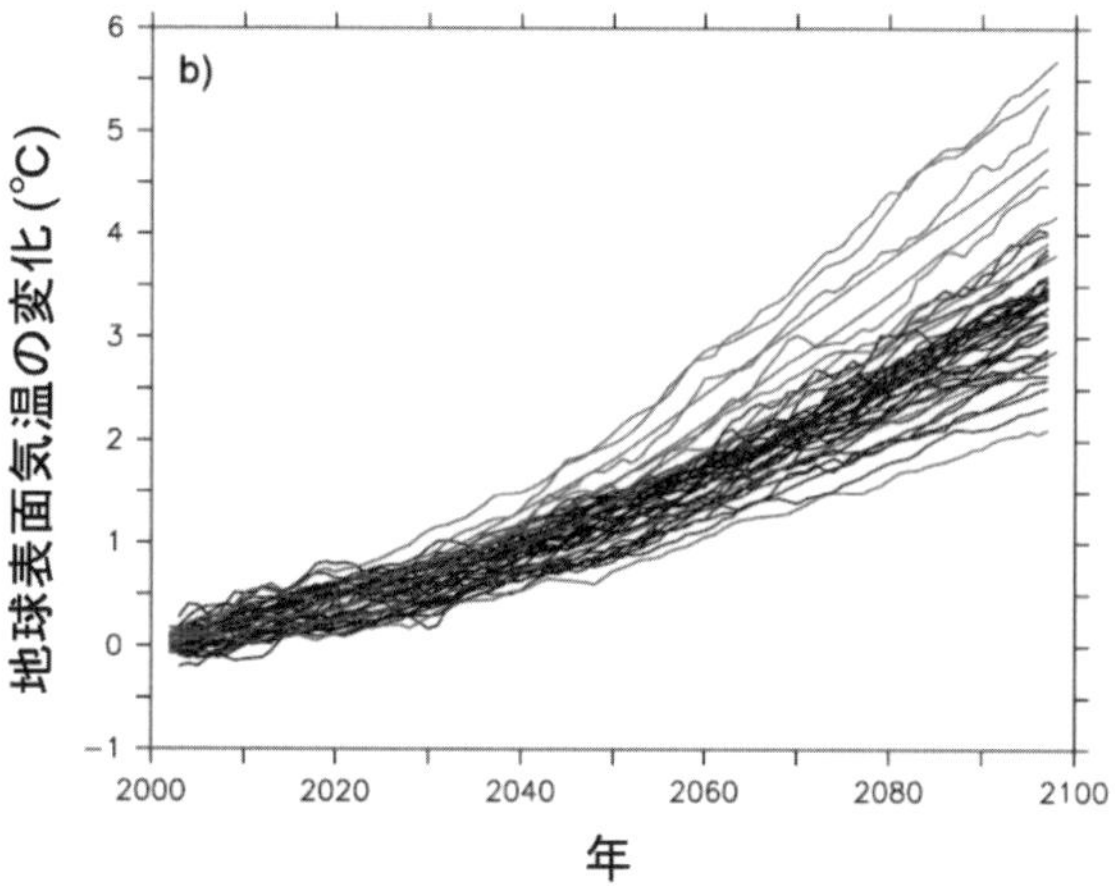

図5・10 | IPCC 第4次報告書（1）における予測結果。炭素循環過程を含まない標準的なモデルによるもの（黒）と、炭素循環過程を含むモデルの予測結果（赤）

の間に正のフィードバックがありそうだということがわかります。

これは、温暖化が進むと土の中にいる微生物の働きが活発になり（気温の高いところに置いた弁当が腐りやすいのもそのせいです）、枯葉や枯れ枝などを分解して二酸化炭素を発生させる過程が強化されることや、海水温が高くなると二酸化炭素が海に溶けづらくなることなどによるものです。

温暖化に関するフィードバック過程には、ほかにもいろいろあり、例えば水蒸気フィードバックと呼ばれるものがあります。これは、気温が高くなると水分が蒸発しやすくなり、温室効果気体である水蒸気が大気中で増え、ますます気温が上がるという過程で、正のフィードバックにあたります。

ほかには、雲フィードバックというものがあり、こちらはなかなか事情が複雑です。雲には、太陽からの光をさえぎって地表を冷やす効果と、温室効果気体と同様に赤外線を吸収しては一部を地面に跳ね返して地表を温める効果の両方があります。晴れた日より曇った日のほうが気温は低くなる、というのが前者の効果ですし、特に冬の天気予報でよく聞く「今夜は雲が少なく、放射冷却で明け方は冷えるでしょう」などという説明は後者に関するものです。

雲フィードバックについては、この2つの効果のうちどちらが強いかによって、正のフィードバックになるか負のフィードバックになるかが決まるわけですが、どちらがどの程度強いかは、実は温暖化予測に携わる専門家の間でも議論が続いています。現在のところ、地表を冷やす効果と温める効果がちょうど打ち消し合うか、あるいはちょっと温める効果が勝つか、どちらかだろうということになっていますが、第2章で述べたようにシミュレーションモデルのなかでの雲の取り扱いは経験則に頼る部分も多く、今後の取り扱いの改善により結論が変わってこないとも限りません。

雲は空を見上げればいつでもそこにあるものなので、科学的にわかっていないことなどないのではないか、と思ってしまいがちですが、実は最先端の科学トピックの一つ、というのはなんだか面白くありませんか？

温暖化予測の不確かさ

本章では、地球温暖化の予測にシミュレーションがどのように活用されているか、という点を中心に述べました。地球温暖化は国際政治上の問題にもなっており、政治的な交渉がなかなか進まない面はあるにせよ、放っておくべきではないという認識は多くの人々がもっているという気がします。

しかし一方、「地球が人間のせいで温暖化するなんて嘘！」といった言説も、根強く残っています。地球温暖化懐疑論者と呼ばれることもある人たちで、私たちが「専門家たちが苦心して開発してきたシミュレーションモデルで、温暖化が予測されている」と説明しても、「シミュレーションモデルなど、好きな結果が出るようにつくれる。

わざと温暖化が予測されるように調整しているだけ」などと反論されます。

本書を読み進まれてきた読者は、このやりとりを見てどう思われるでしょうか。「専門家たちはまじめにシミュレーションモデルを開発してきているので、『わざと温暖化が予測されるように調整している』などということはあり得ない！」と思ってもらえればうれしいことはうれしいのですが、あまのじゃくの筆者としては「ん？　地球温暖化懐疑論者の言っていることも一理あるのでは？」と思う読者のほうが、筆者がこれまで説明してきたことをよく理解してくれているのではないか、という思いもあります。

これまで説明したように、気候のシミュレーションモデルにはたくさんの経験則が含まれており、その経験則の立て方は開発する人によって違ってくる部分もあります。また、経験則のなかで使われる定数の値も、観測を再現するよう後づけで調整することが多くあります。とすれば、「温暖化が予測されるように調整する」ことも可能なのでは？

こうした問いかけに対して、歯切れよくこうだ、と言い切る回答を示すのは簡単ではありません。ただ、この章の初めに説明したように、二酸化炭素に熱をこもらせる効果があることは確立された事実ですから、まったく温暖化しない、という主張には無理がある、ということはできるでしょう。

一方、筆者の見聞きした経験では、二酸化炭素が人間活動の盛んになる前と比べて2倍の濃度になったとき、シミュレーションモデルの調整次第では10度近くも気温が上がるような結果が得られてしまうこともあります。各国の研究機関によるシミュレーションモデルの多くは2〜3度前後の値を出していますし、この程度の値がもっともらしいだろうといわれていますが、調整次第で10度という値が得られてしまうということは、逆に（筆者は経験したことがありませんが）調整次第で0・1度、という値も得られてしまうかもしれません。0・1度でも10度でもなく、2〜3度という値がもっともらしいというのは、どうしていえるのでしょうか。

それにはやはり、観測データが重要な役割を果たします。この章の始めにお見せしたような、過去の気候の移り変わりがシミュレーションモデルで再現されているかといった比較のほかにも、現在における気温や降水量の分布が再現されているかとか、大きな火山噴火が起こったときには地表の平均気温が下がるのですが、その下がり具合が再現されているかとか、多様な観測データとシミュレーション結果を突き合わせて比較が行なわれます。

こうした比較を行なっていくと、10度といった極端な温暖化を予測するように調整されたモデルは、やはりどこか観測データと大きくずれたところが出てきます。筆者が経験した例では、火山噴火の際の気温低下が大きく出すぎていました。各国の研究機関で開発しているシミュレーションモデルを含め、いろいろな観測データをわりとよく再現するよう調整したモデルでは、2〜3度という値が得られることが多いようです。ただし、「わりとよく再現する」といっても、観測データとのずれはどうしても出てきてしまうので、どこまでのずれを許すか、というのは研究者のセンスによる部分もあります。

またそもそも、「現在の観測データをよく再現できるモデルのほうが、将来の予測もよく当たるはずだ」という考え方自体も、なんとなく納得できますが、絶対に正しいとは言い切れず、厳密には「仮定」ということになってしまいます。この仮定がどの程度正しいのかということ自体を、シミュレーションを用いて確かめる研究も進められてはいます。が、厳密な意味では、何十年後かの温暖化が十分進んだ時点で確かめるほか方法はありません。

温暖化予測は、厳密な検証には何十年も待つ必要があるという点で、実験での検証が可能な多くの科学理論とは決定的な違いがあります。地球温暖化懐疑論が根強く主張され続けるのは、こうした背景もあるでしょう。ただし地球温暖化は、実証済みの科学理論とはいえないまでも、現在の科学的知識に基づいた一番もっともらしい予想であるとはいえます。地球温暖化は社会問題にもなっており、対応の必要性が叫ばれています。そうした対応はきちんと進める一方で、直接の検証ができないため不確かさが伴うということは、対策を立てる際にも常に念頭に置く必要があります。

参考文献

IPCC (2007) Climate Change 2007: *The Physical Science Basis. Contribution of Working Group I to the Fourth Assessment Report of the Intergovernmental Panel on Climate Change* [Solomon, S., D. Qin, M. Manning, Z. Chen, M. Marquis, K.B. Averyt, M.Tignor and H.L. Miller (eds.)]. Cambridge University Press, Cambridge, United Kingdom and New York, NY, USA.

IPCC (2013) Climate Change 2013: *The Physical Science Basis. Contribution of Working Group I to the Fifth Assessment Report of the Intergovernmental Panel on Climate Change* [Stocker, T.F., D. Qin, G.-K. Plattner, M. Tignor, S.K. Allen, J. Boschung, A. Nauels, Y. Xia, V. Bex and P.M. Midgley (eds.)]. Cambridge University Press, Cambridge, United Kingdom and New York, NY, USA, 1535 pp.

第6章

シミュレーションで挑む極端現象と異常気象

日照りや大雨、竜巻など、社会に損害をもたらす気象現象はさまざまあります。

ある地点で30年に1度くらいしか起こらない、まれな猛暑や大雨、渇水などの気象現象を異常気象と呼びます。

異常気象は比較的、耳慣れた言葉ですが、異常気象のほかにも、毎年のように上陸する台風などは大きな損害をもたらすことがあり警戒が必要です。

異常気象と、台風のようにまれとはいえないが社会に大きな影響を与える気象現象とを合わせて「極端現象」と呼ぶことがあります。

この章では、台風や猛暑などの極端現象に着目しながら、自然災害の被害軽減へ向けてシミュレーションモデルの改良や、新しい実験手法の開発の努力が続けられている様子を見ていきます。

台風のシミュレーション

２０１6年8月に発生した台風10号は、一度沖縄の南方まで南下したのちＵターンして東北地方に太平洋側から上陸するという、前代未聞の進路をとり、農作物などに甚大な被害をもたらし、22名の尊い人命を奪いました。同じ２０１６年には、ふだんあまり台風が上陸しない北海道に、1週間のうちに立て続けに3個の台風が上陸しています。２０１６年は、いつもと違う台風の振る舞いが目立った年でした。

台風による被害を軽減するために、数値シミュレーションによる予測はとても役立ちます。第3章では、アンサンブル予報という手法で、台風の進路を予報円で示す方法を説明しました。シミュレーションモデルのなかでより正確に台風を再現し、この予報円を小さくすることができれば、台風が上陸する可能性の高い地域が特定され、対策が立てやすくなります。

また、現在は台風の進路情報が示されるのは5日程度先までですが、この期間をより長くできれば（もっとも、予報円があまり大きくなっては意味がないのですが）、時間をかけて対策に取り組めることになり、被害の軽減につながるでしょう。

台風が発生する仕組み

まず、なぜ台風が生まれるのか、その仕組みをよく理解しておくことにしましょう。図6・1には、1945~2006年の62年間に発生した熱帯低気圧（熱帯から亜熱帯で発生する低気圧の総称で、台風、ハリケーンおよびサイクロンを含む）の軌跡を重ねて表しています。図から台風は、赤道付近の海上で発生していることがわかります。ただし、赤道にあまり近い海域（おおむね南北の緯度5度以下の海域）では、第2章で説明したコリオリ力があまり働かないため、台風は発生しません。コリオリ力は、台風の渦巻き構造をつくるのに重要な役割を果たします。

赤道付近では海面水温が高いため、海面付近の空気が温まり、上昇気流が発生します。その際、上昇する空気に含まれる水蒸気が凝結し、雲をつくります。このようにしてできる雲がいわゆる入道雲で、気象学の用語では積乱雲と呼びます。上昇気流のある

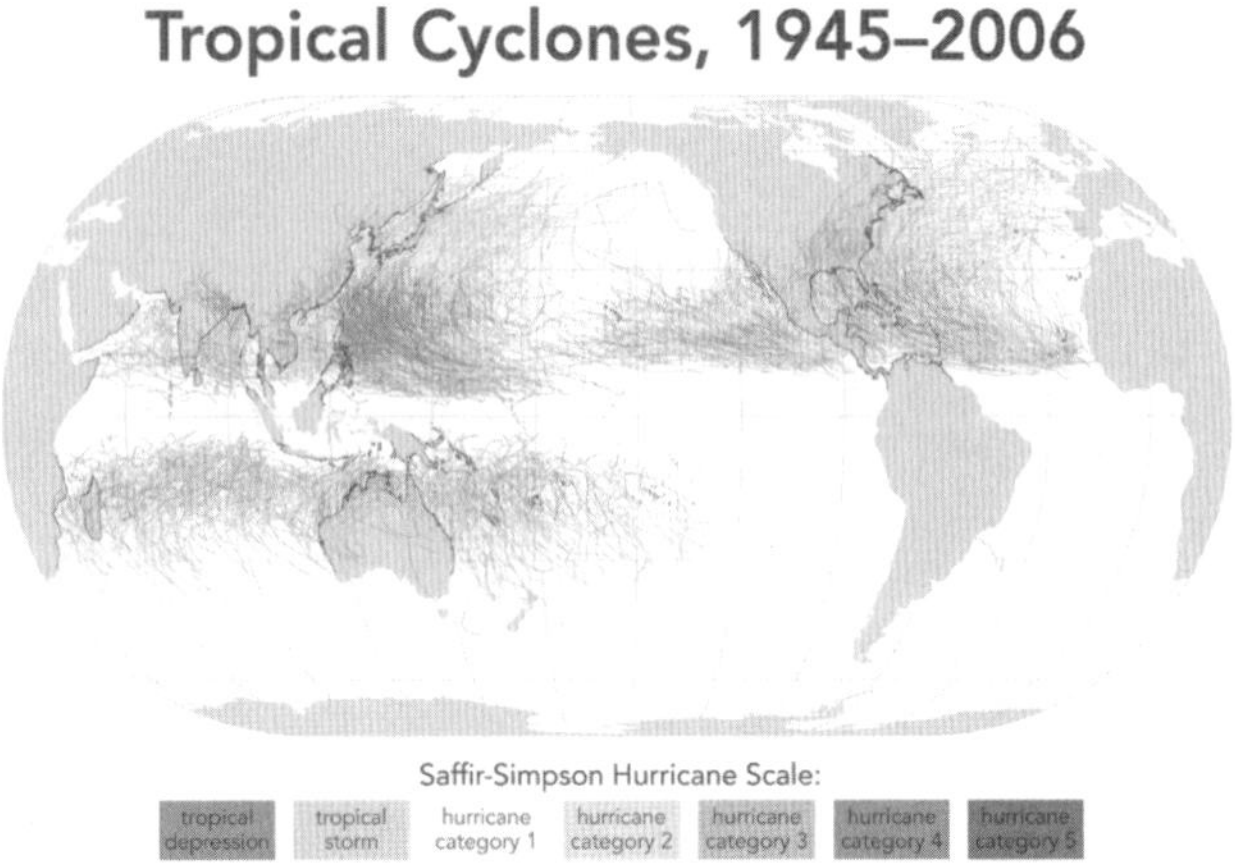

図6・1｜1945-2006年の間に発生した熱帯低気圧（台風の軌跡を重ねたもの。軌跡を表す線の色は、熱帯低気圧の強度を示しており、暖色系が強いものを、寒色系が弱いものを意味する。図の出典：https://en.wikipedia.org/wiki/Tropical_cyclone

ところでは、空気がどんどん上のほうに運ばれていくので、それを補うように横側から風が吹き込んできます。ただしまっすぐではなく、コリオリ力の影響で左回りの渦を巻きながら吹き込んできます。このようにできた渦がいくつかまとまって大きくなり、渦の中心近くの気圧も低くなったものが台風です。

台風がいったんできて移動した後でも、そこの海面水温が高ければ、水蒸気が台風に供給され続けます。水蒸気には、凝結するときに周囲の空気に熱を放出する性質があるので、周囲の空気を温め、上昇気流をさらに加速し、台風の成長は続きます。仙人は霞を食べて生きているといわれますが、仙人など軽く吹き飛ばしてしまう台風も、いわば水蒸気を食べることで成長します。海面水温の低い海域に台風が移動したり、上陸したりすると水蒸気が供給されにくくなり、台風は衰えていきます。

台風の予報

台風そのものの大きさは数百キロメートルに及びますが、台風成長のカギとなる水蒸気の供給やその後の空気の加熱は、幅数十キロメートル程度の台風の目付近で起こっています。さらに、台風のタネとなる個々の積乱雲の水平方向の広がりは、10キロメートル前後です。なので、台風のシミュレーションを行なうには、第2章で述べたマス目の大きさ（解像度）をなるべく小さく、できれば1キロメートルくらいまで小さくすることが望ましいといえます。

一方で、台風は、太平洋高気圧や偏西風といった、規模の大きな現象がつくる周囲の状況から影響を受けながら移動していくため、地球全体を対象としてシミュレーションを行なう必要があります。

しかし、解像度1キロメートルで地球全体のシミュレーションを行なおうとすると、マス目の数が膨大になるほか、後で説明するようなさまざまな問題が生じてきて、現代のスーパーコンピュータでは歯が立ちません。そこで、気象庁による台風予報のためのシミュレーションでは、解像度については妥協し、地球全体を最高で20キロメートルの解像度で表現するシミュレーションモデルを用いています。

この解像度では、個別の積乱雲の動きを表現することはできませんが、第2章で述べたような経験則を導入することで、ひとまとまりの積乱雲が台風の発生と成長に及ぼす影響をある程度表すことができます。気象庁のシミュレーションモデルは改良が重ねられており、図6・2に示したとおり、台風の進路予報の精度は年々向上しています。

ところが、台風の最大風速がどのくらいになるか、という台風強度の観点からは、ここ20年ほど横ばいの状況が続き、進路予測ほど着実な精度の向上は達成されていません。台風の進路の決定には、台風周辺の比較的大規模なスケールで見た風向きなど

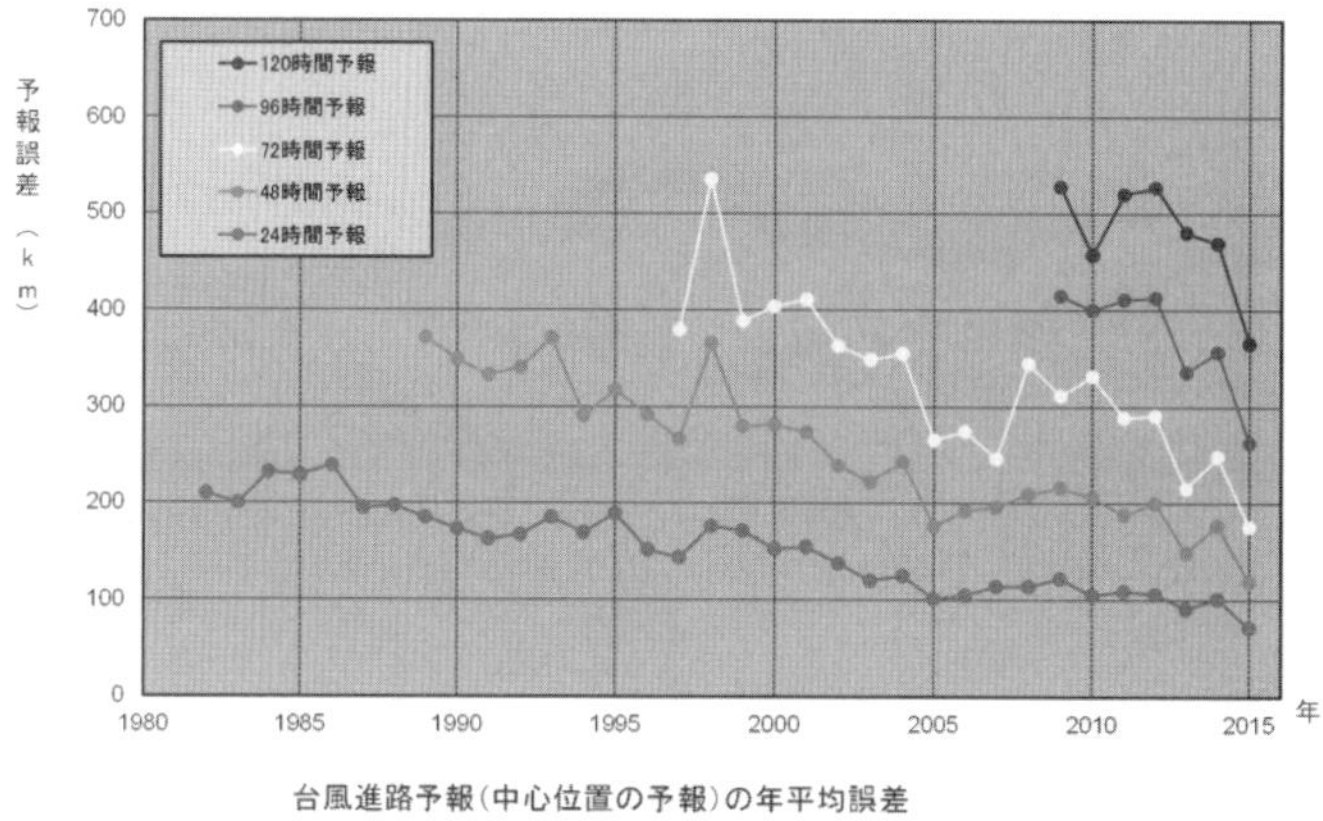

図6・2 | 台風進路予報（中心位置の予報）の年平均誤差。
図の出典：http://www.data.jma.go.jp/fcd/yoho/typ_kensho/typ_hyoka_top.html

が重要な役割を担っており、そうしたおおよその状況は20キロメートルの解像度をもつシミュレーションモデルであればよく再現できます。一方、最大風速を決める最大の要因である中心気圧に関しては、台風の目付近で起こる上昇気流の動きや海との相互作用など、比較的細かな現象、あるいは現在の台風予報モデルには含まれていない過程が重要になってくるため、精度の向上が難しいのです。

高解像度モデルの開発

台風予報に用いられるシミュレーションモデルの解像度は決して十分ではなく、一層解像度を高くして、できれば経験則を用いずにすむように高度化を進める必要があります。

ところが、現状で用いられているシミュレーションモデルの解像度を高くしていくと、単純にマス目の数が増えて計算量が増えること以外にも問題が生じ、そのために計算量がさらに爆発的に増えてしまいます。将来的に解像度を十分高くするためには、現状とは構造が大きく異なったシミュレーションモデルを新たに開発することが望まれています。

解像度が高くなったときに生じてくる問題を理解するために、第2章で示した図2・2をもう一度ご覧ください。現在使われている多くのシミュレーションモデルでは、地球表面を区切ってマス目をつくるときに、緯度線、経度線に沿って区切っていきます。緯度、経度は日常生活でもなじみ深い用語ですし、球面上で数式を表すときの数学的扱いも確立されているので、専門家にとっても緯度、経度でマス目を区切るのはごく自然なことです。

ですが、この方法には一つ欠点があります。図２・２をよく見るとわかると思いますが、マス目の大きさが不揃いで、赤道付近ほど大きく、北極や南極の付近は小さくなっています。解像度が低いうちはあまり問題にならないのですが、解像度が高くなると両極付近のマス目がどんどん小さくなってしまいます。

小さいマス目に対しては、気温などの時間変化を丁寧に追跡せねばならず計算の手間がかかるので、シミュレーションモデルの計算規模は、そのなかで一番小さなマス目に規定されてしまう面があります。つまり、両極付近のごく狭い領域のために、全体の計算量が莫大になり、効率が悪くなってしまうのです。

この問題を克服するには、地球全体をほぼ均等な大きさのマス目で覆うような区切り方を工夫する必要があります。自分であれこれ想像してみるとわかると思いますが、これは簡単なことではありません。世界各国の有力な研究機関で、マス目の大きさが均等になるようなシミュレーションモデルの開発が精力的になされていますが、ここ

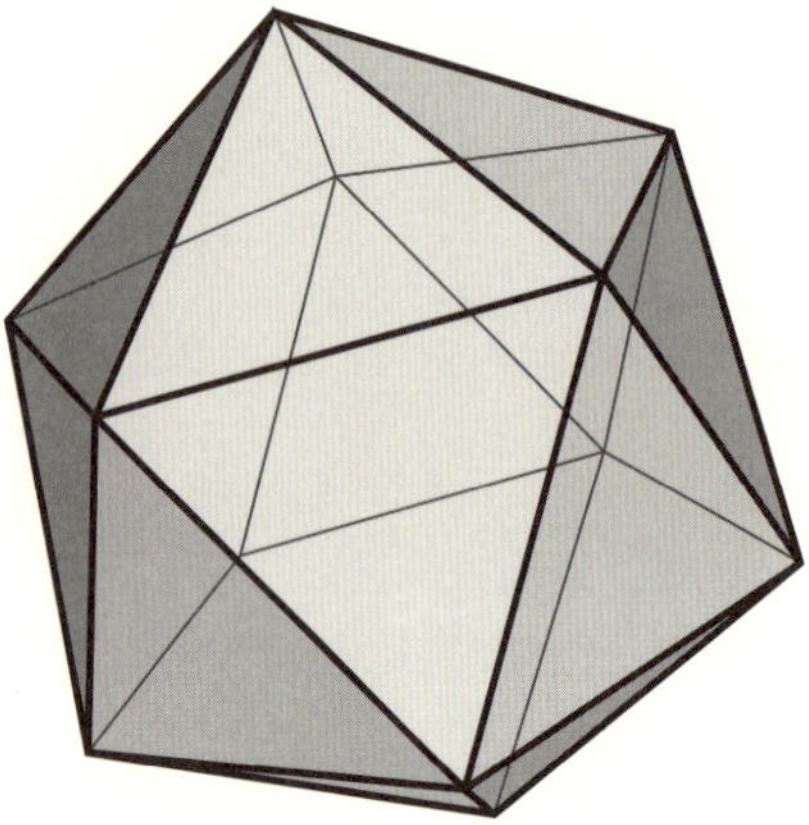

図6・3｜20面体

ではＮＩＣＡＭ（ニッカム）という、日本で開発されているものを紹介します。

ＮＩＣＡＭで採用されているのは、正20面体をもとにして球面を区切る手法です。正20面体、というのは見たことがない人も多いでしょうが、昔あった三角パック（いまでもときどき見かけますね）のような正4面体、さいころのような正6面体などの正多面体のなかで最大の面数をもつ多面体です（図6・3）。

この正20面体をちょうどすっぽり覆うような球体を思い描いてください。そして、球体の中心に光源を置き、周囲を均等に照らしている状況を想像してみてください。球体の表面上に、正20面体の各辺の影が

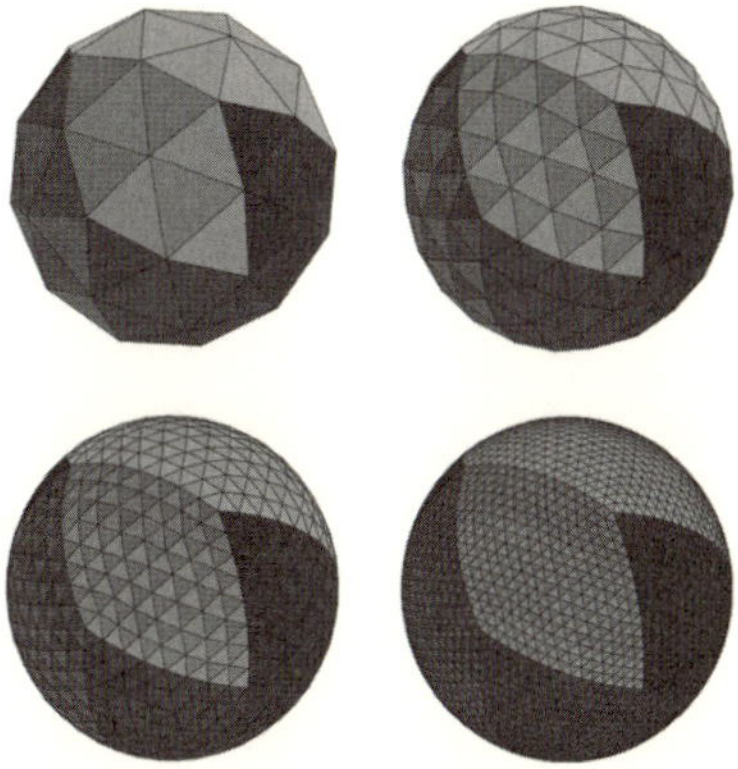

図6・4 | シミュレーションモデル NICAM の解像度を上げていく様子。正20面体の各面の分割を繰り返していく

映っている様子が浮かんできたでしょうか。この辺の影が、NICAMのマス目の区切りの原型になります。マス目というと、普通は四角形のことですが、NICAMのマス目は三角形です。そしてさらにこのマス目を小さくするには、正20面体の各辺の中心同士を結び、各面の中にもう一つ正三角形をつくります。そして同じように中心から光をあてて各辺の影でマス目をつくると、より細かく地球全体を区切ることができます。

この作業を繰り返すと、どんどん解像度が高くなりますが、図6・4を見てわかるとおり、マス目の大きさはほぼ均等です。緯度・経度で区切ったときのような目詰まりの問題は起きません。

正20面体をもとにする手法のほかにも、立方体の各面を細かな四角形に区切って球体に投影する手法、球体を野球ボールのように2つの面で覆い間をつなぎ合わせる「陰陽グリッド」など、多数の手法が提案されています。これらの場合、マス目は四角形に近くなります。緯度・経度に基づいたときにもマス目がほぼ四角形になるので、昔からつくられてきたシミュレーションモデル内での計算手法が応用しやすいという意味では立方体や陰陽グリッドのほうがわかりやすいのですが、もとの立方体の辺や頂点の付近や、野球ボールの縫い目にあたる箇所で若干マス目の形がいびつになり、計算誤差が生じやすいという欠点があります。正20面体ベースの手法ではそうした問題は少ないのですが、マス目の形が従来とは大きく違うので、プログラムを書くときには若干手間が多くなります。

台風の発生予測へ向けて

図6・5に、NICAMで再現された台風の一例を示します。比較のため、解像度870メートルと3・5キロメートルでの、同じ台風に対するシミュレーション結果を並べてみました。台風の目の構造がしっかり見てとれるなど、台風をシミュレーションモデルで再現する際の高解像度のメリットがよくわかると思います。

870メートルというと、歩いて10分ほどの距離です。一辺を10分で歩ける程度のマス目で地球全体を覆うわけですから、計算量が想像もつかないくらい膨大になることはおわかりになるでしょう。なお図6・5の計算は、国内最高レベルの計算性能を誇るコンピュータ「京」で行なわれましたが、「京」の計算性能をもってしても、解像度870メートルでは数日程度を計算するのがやっと、というのが現状です。

当面は、高解像度で台風の詳細な構造を再現できるが短期の計算しかできない設定、解像度はやや低く再現性の点では劣るもののより長期にわたって台風の動きを追跡できる設定の両者を併用して、台風予測の精度向上のための努力が続けられることにな

図6・5｜気象シミュレーションモデルNICAMを使って宮本ほか（2013）により再現された台風の一例。上が解像度870mの場合、下が3.5kmの場合。画像中央付近の台風の左下あたりに台湾が、さらに左方に中国大陸が見える。日本列島は図の上側にあたる

ります。

実際、870メートルよりも解像度の低い設定でも、台風発生を2週間前から予測できる可能性を示すなど、素晴らしい成果が得られています。天気予報で「台風10号が発生しました。予想される進路はこのようになります」といった予報は聞いたことがあると思いますが、「日本の南海上で台風が発生しやすい状況になっています。何月何日前後に台風が発生するでしょう」といった予報は、発生の2~3日前であれば可能ですが、2週間前となると聞いたことがないでしょう。現在の天気予報の技術では、1週間以上も前から台風の発生を十分な精度で予測することはできないのですが、高解像度で再現性の高いNICAMを用いて、そうした予報が将来的に可能になるかもしれません。

もしそうなれば、日本に到達するよりだいぶ前から台風に備えることができ、工事現場や工場などでの建設・生産計画を立てるうえで役立つでしょう。また台風が発生してから上陸までの期間が短い東南アジアなどの国々にとっては、画期的な生活の質の向上をもたらすでしょう。

なおNICAMは別に台風専門のシミュレーションモデルというわけではなく、

高い解像度を生かして気象現象一般を再現することができます。台風のほかにも、例えば、経験則抜きに雲の形成を表現できるメリットを生かし、将来地球温暖化が起こったときに雲がどのように変化し、太陽の光を跳ね返して地球を冷やしたり、また逆に地表を暖める毛布の役割を果たしたりといった効果をもたらすのか、という研究にもＮＩＣＡＭが用いられています。

温暖化と台風

前節の最後で、地球温暖化の話を少しだけ持ち出しましたが、温暖化により台風が将来どのように変化するか、というテーマも研究者の関心を集めています。このようなテーマで研究を進めるときには、台風の全体的な性質の変化を調べる必要があるので、「高解像度で台風の詳細な構造を再現できるが、短期の計算しかできない設定」で特定の台風を追跡してもあまり意味がありません。

そのため「解像度はやや低く再現性の点では劣るもののより長期にわたって台風の

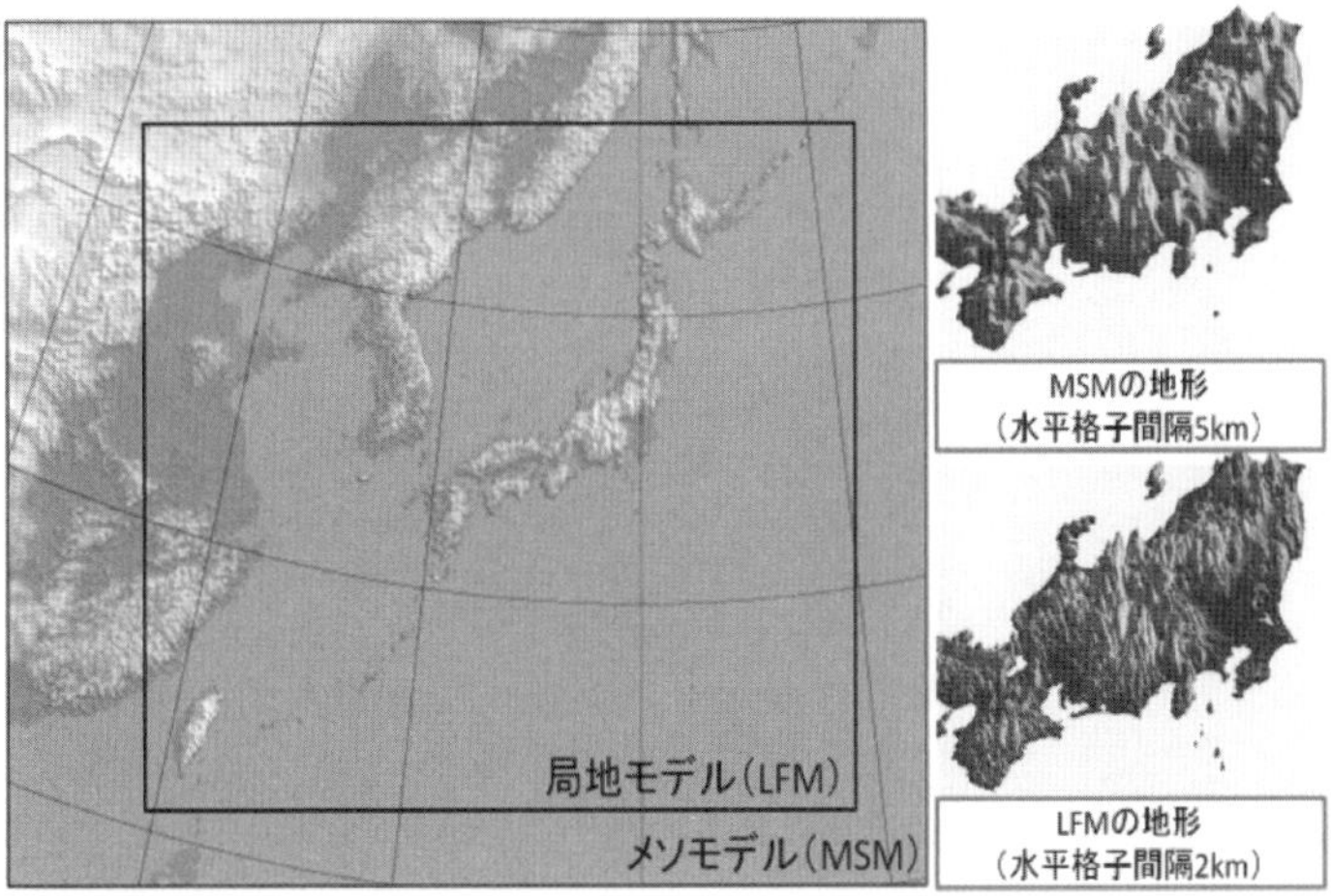

図6・6｜天気予報で用いられる２通りの領域モデルの対象領域と解像度。図の出典：気象庁ホームページ（http://www.jma.go.jp/jma/kishou/know/whitep/1-3-6.html）

動きを追跡できる設定」で再現された多数の台風の性質の変化を統計的に調べることになるのですが、さりとて、台風の目や発生メカニズムを精確に表現できる高解像度シミュレーションモデルの魅力は、捨てがたいものがあります。

このような場合、高解像度の利点を享受しつつ長期間の計算を行なうために、地球上の一部分だけを切り取った領域を対象とする、領域モデルがしばしば用いられます。第3章でも触れたとおり、天気予報でも領域モデルを使っています。天気予報に用いられている領域モデルの対象領域と解像度を

図6・6に示しました。

領域モデルを用いる際に気になるのは、地球の一部を切り取ることによる、人工的な「壁」の存在です。図6・6に即していえば、日本周辺を区切る内側、外側の四角形が「壁」にあたります。シミュレーションモデルのなかで、ここに本当に壁を置いてしまっては、領域の外にある大気との関係が完全に断ち切られてしまいます。また大気中で何か急な変化が起こったときには、池に石ころを投げ込んだときに水面にできる波と同じような波が発生します。こうした波も、本当の壁を置いてしまうと壁面で跳ね返ってしまい、本来なら領域の外側へ伝わっていくはずの波が内側に戻ってきてしまいます。池に石ころを投げ込んでできた波が、池の岸にたどり着く前に途中で引き返してくるようなもので、まるでオカルト映画のようなシミュレーション結果が出てきてしまうでしょう。

こうした問題を防ぐため、風の流れが領域の内側から外側に向かっているときには空気がそのまま抜けていくように、また逆に外側から内側に向かっているときには、観測データなどに基づいて、与える外側の空気の特性（気温、水蒸気など）が内側に持ち込まれるようにプログラムを組み立てます。また、不自然な波の反射が起こらないよう、領域の内側と外側で風速がうまくつながるよう工夫されています。

このように、領域モデルの「壁」上で与える条件のことを、境界条件と呼びます。台風が発生しているときの観測データや、地球全体を対象とするシミュレーションモデルの計算結果などを境界条件として与え、領域内部で適切な初期値を与えることで、太平洋高気圧や偏西風など、領域外部の影響も受けながら台風が発達し移動していく様子を再現することができます。

領域モデルを活用しながら、温暖化による台風の変化を調べた一例として、名古屋大学の坪木教授らの研究を示しましょう。なおこの先では、地球全体を対象としたシミュレーションモデルのことを「全球モデル」と呼ぶことにします。坪木教授らは、気象庁の気象研究所の全球モデルでシミュレートされた現在気候（1979〜1993年）の下での台風と、温暖化が起こって現在より3度ほど暖かくなった気候（2074〜2087年）の下でシミュレートされた台風のうち、日本付近を通る強い台風を、それぞれから30例ずつ選びました。そして、その一つ一つのケースについて、全球モデルにおける風速や気温などのデータを抜き出して、領域モデルの「壁」での

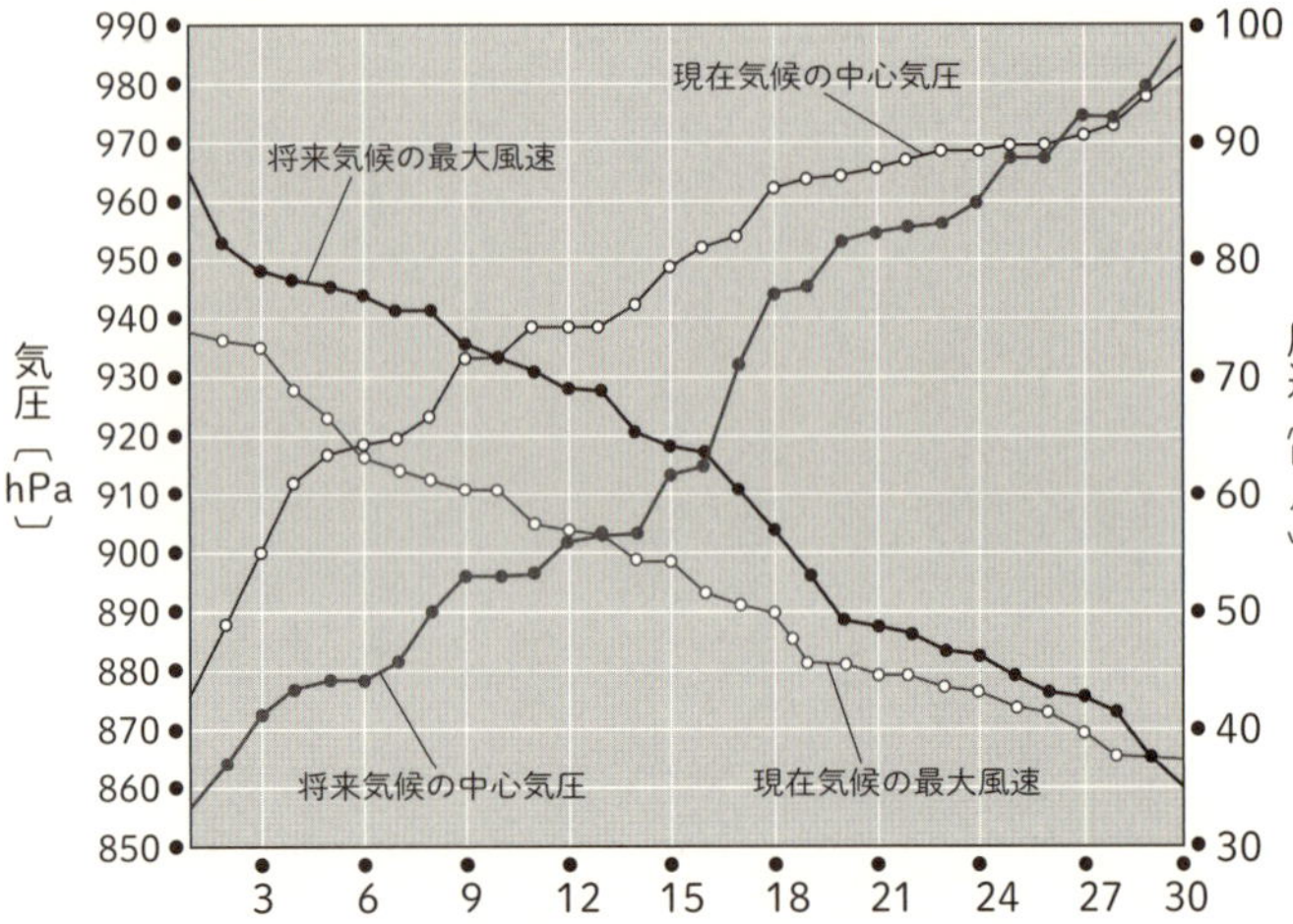

図6・7｜温暖化による、強い台風の変化。それぞれの気候条件下で、強いものから30個を左から順に並べている。図の出典：坪木ほか（2015）

境界条件を与えて計算を行ないます。

その結果として得られた、台風30個を強いものから順に並べて風速と中心気圧を図示したものが図6・7です。強度で上位30番目までの台風は、温暖化時には中心気圧がより低く、最大風速がより大きくなることがわかります。温暖化したときのもっとも強い台風の最大風速は90メートル近くという、びっくりするような値になっています。

ただし、全球モデルを用いた研究などから、温暖化時には台風の発生数自体は2〜3割減ることが予測されています。つまり、数は少ないが、強いものはとにかく強い、といった「少数精鋭」型になっていくということです。図6・7は現在より3度ほど暖かくなった状態での変化を示しており、今後実際に進む温暖化が3度に達するかどうかはわからないのですが、ある程度の温暖化は避けられないという見通しになっています。

ここで示されたような台風の変化や、それに伴う高潮や大雨被害の軽減のため、防波堤などの防災基盤を増強していく必要があるかもしれません。ただしそれには莫大なお金がかかるので、今後シミュレーションの信頼度を一層増し、説得力のある予測につなげていくことが大切です。

異常気象と地球温暖化の関係

近年は、夏が以前より暑い、と感じている人も多いのではないでしょうか。実際、夏(6~8月)の日本の平均気温は、2010年以降2017年まで8年連続で平年を上回っています。特に2010年と2013年は、夏の全国平均気温が平年より1

度以上高く、全国的な猛暑だったといえるでしょう。

このように頻発する猛暑が、現在進行中の地球温暖化と関係しているかどうかは気になるところですが、こうした話をするときに気をつけなければいけないことがあります。ある年に発生した極端に暑い夏が地球温暖化のせいなのか、白黒つけるかたちで断定はできない、ということです。

異常気象というのは、ある地点で30年に1度程度しか起こらない気象現象のことをいう、とこの章の冒頭で書きましたが、裏を返せば、地球温暖化とは関係なしに30年に1度くらいはあってもおかしくない、ということになります。一定の確率で猛暑は発生し得るわけですから、突き詰めていえば、サイコロを振って1の目が出るのと同じ話です。誰かが、1の目が出やすくなる細工をサイコロにしたとしましょう。そのサイコロを1度だけ振って、出た目が1だったとき、「細工をしたせいで1の目が出た」と言い切れるでしょうか。細工をしなくても1の目が出ることはあるわけですから、1度だけでは言い切ることはできないはずです。これが例えば、300回も振ってそのうち100回が1の目だったとしたらどうでしょう。細工をしないサイコロであれば1の目が出る確率は6分の1ですから、全部で50回前後のはずです。その倍の

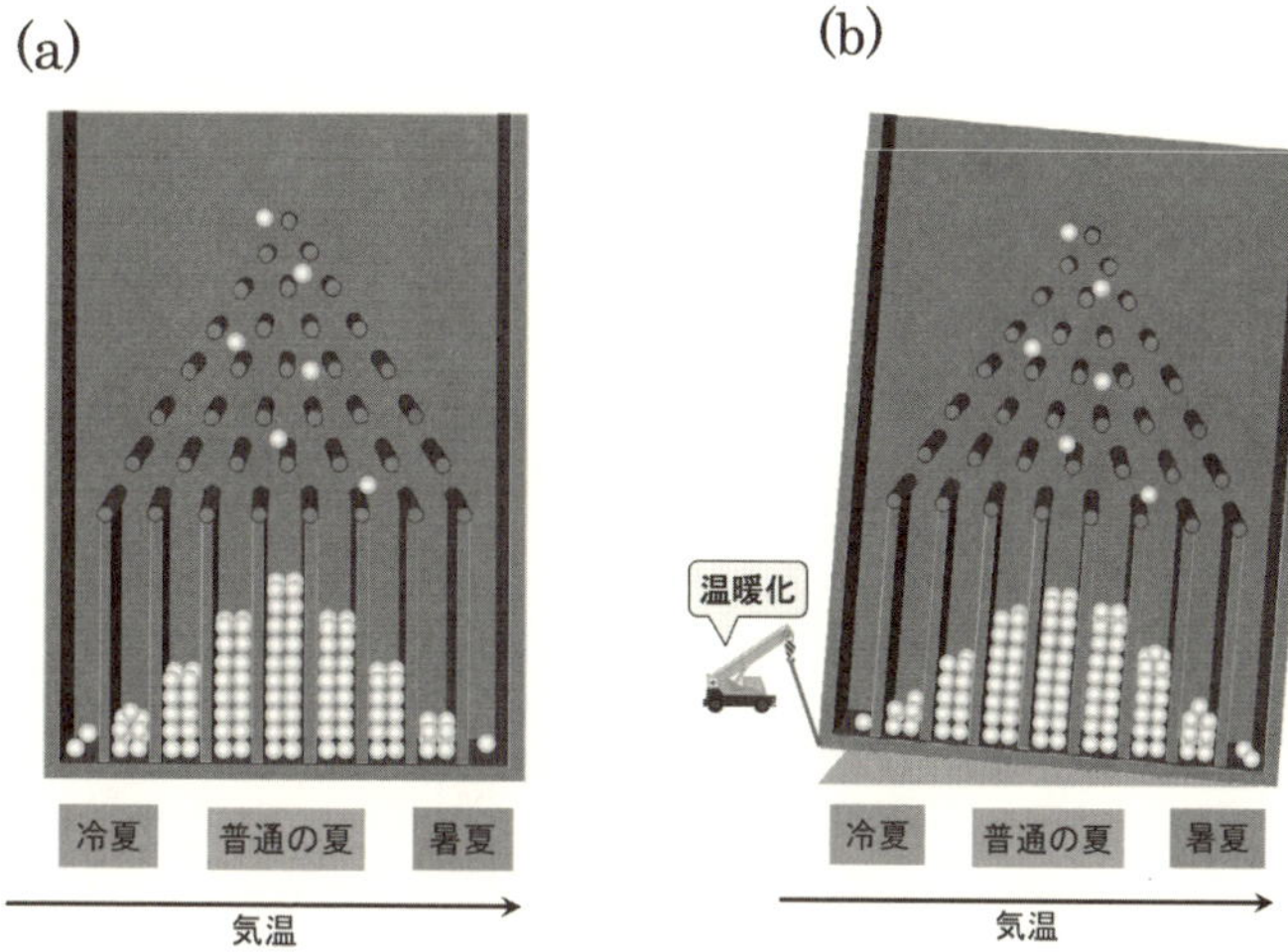

図６・８｜猛暑などの異常気象が一定の確率で発生することと、地球温暖化によりその発生確率が変化することを理解するための概念図。左図ａが温暖化以前の状態を、右図ｂが温暖化後の状態を表す。図の提供：森正人助教

１００回も出たとなれば、さすがにこれは、「細工をしたせいで１の目が多く出た」といえそうです。

確率の話はわかりづらいと感じる人も多いので、もう一つ、筆者の研究仲間である東京大学の森正人博士がよく説明に用いる、図６・８ａのパチンコ台のようなボードを例にとることにしましょう。

ボードの上部から玉を落とすと、クギに当たりながら、下に置かれた区切り板の間に落ちていきます。右に左に方向を変えながら、結局は真ん中あたりに落ち着く玉が一

番多いのですが、なかには両端付近に落ち込んでいくものもあります。

この、真ん中付近の区切りに入った玉が普通の夏、左端付近が冷夏、右端付近が猛暑に、それぞれ当たると考えることにします。実際、夏の平均気温の頻度をグラフにすると、図6・8aの玉の散らばり方と同様、真ん中あたりにピークがあり、両端に向かってなだらかに下がっていく富士山型の分布をしています。

ここで、地球温暖化に対応する操作として、図6・8bのようにボードの左端を少し持ち上げてみます。同じように玉を落としていくと、持ち上げる前よりも右端付近にたまる玉が多くなり、玉の分布の仕方が変わってくるでしょう。ある1個の玉が右端に落ちたからといって、それが必ずしも左端を持ち上げたせいだとはいえないのですが、いくつも玉を落としたときの分布の様子が変わっているのは、左端を持ち上げたせいに違いありません。

シミュレーションによる評価

地球温暖化が猛暑の発生頻度に与える影響を議論する際にも、特定の年に観測された気温だけに着目するのではなく、玉をたくさん落とすことに相当するプロセスを経たうえで検討を加える必要があります。

例えば、41・0℃という、当時の国内最高気温の記録が四万十市で更新されるなど、記録づくめだった2013年の猛暑の観測データ（図6・9）だけ取りあげて、それが地球温暖化のせいだと断言するわけにはいきません。海面水温などの条件が2013年と同じようになったときに、実際に猛暑になる確率がどれくらいなのか、また、地球温暖化がなかったとしたら、その確率はいくつだったのか、を調べる必要があります。

ただし、本当の地球では、2013年の夏というのは1回しかありません。ですが大気のシミュレーションモデルを使えば、サイコロを何回も振ったり、ボードにいくつも玉を落としたりするのと同様、2013年夏に観測された海面水温を境界条件と

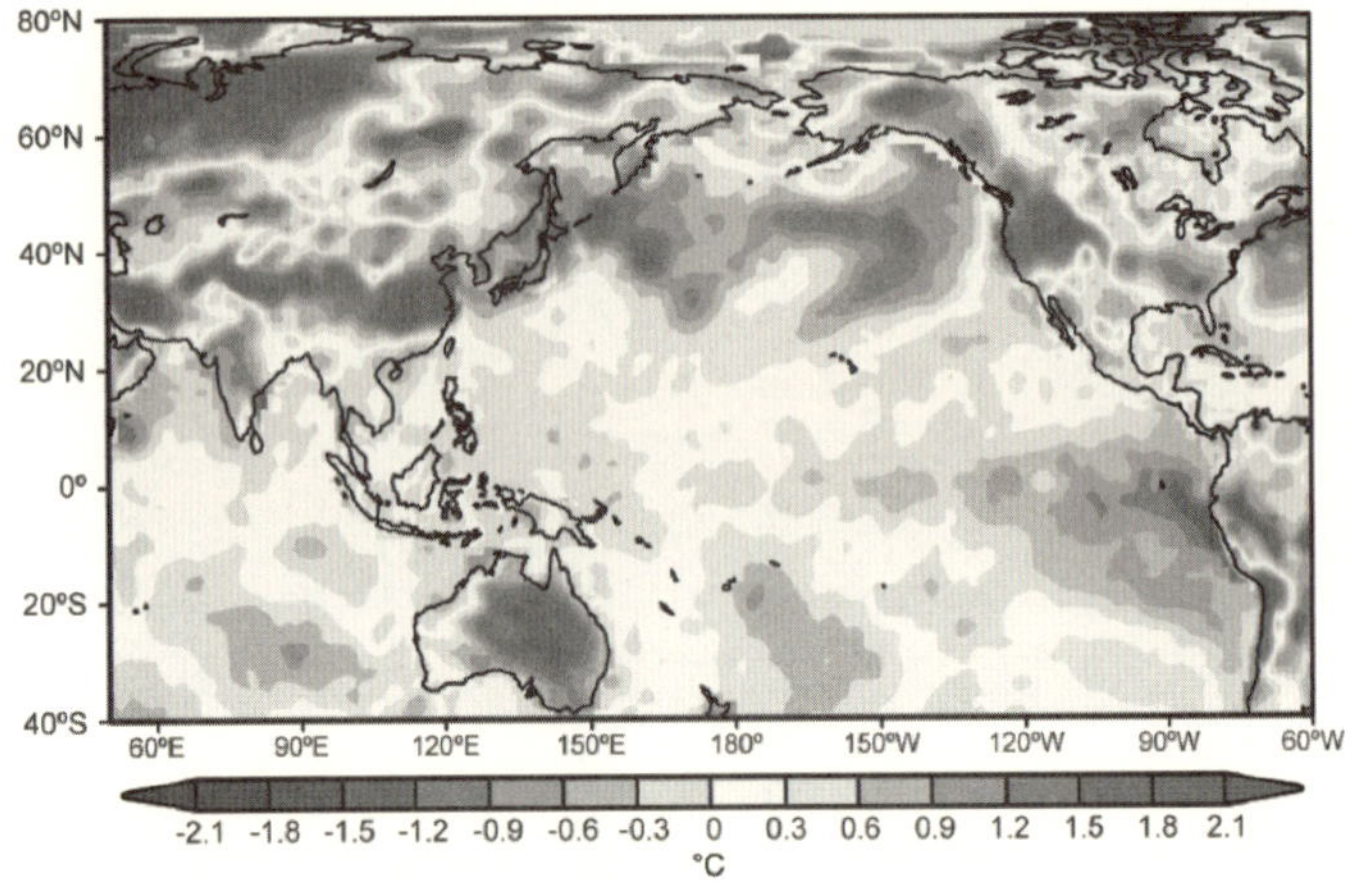

図6・9｜2013年7～8月にかけての、地表面気温、海面水温の平年からのずれ。図の出典：今田ほか（2014）

して与えながら、シミュレーションを何度も行なうことができます。第３章で説明したアンサンブル予報と同じ要領で、２０１３年の夏が始まる直前に近い状態の初期値（シミュレーションスタート時の大気の状態）をいろいろ用意してたくさんのシミュレーションを行ない、いわば、過去を予報するための計算をするわけです。そして各々のメンバーがシミュレートした気温を図６・８と同じ要領で並べると、シミュレーションモデルの性能がよければ、左端付近のメンバーは実際の２０１３年と似た猛暑を再現していると期待できます。

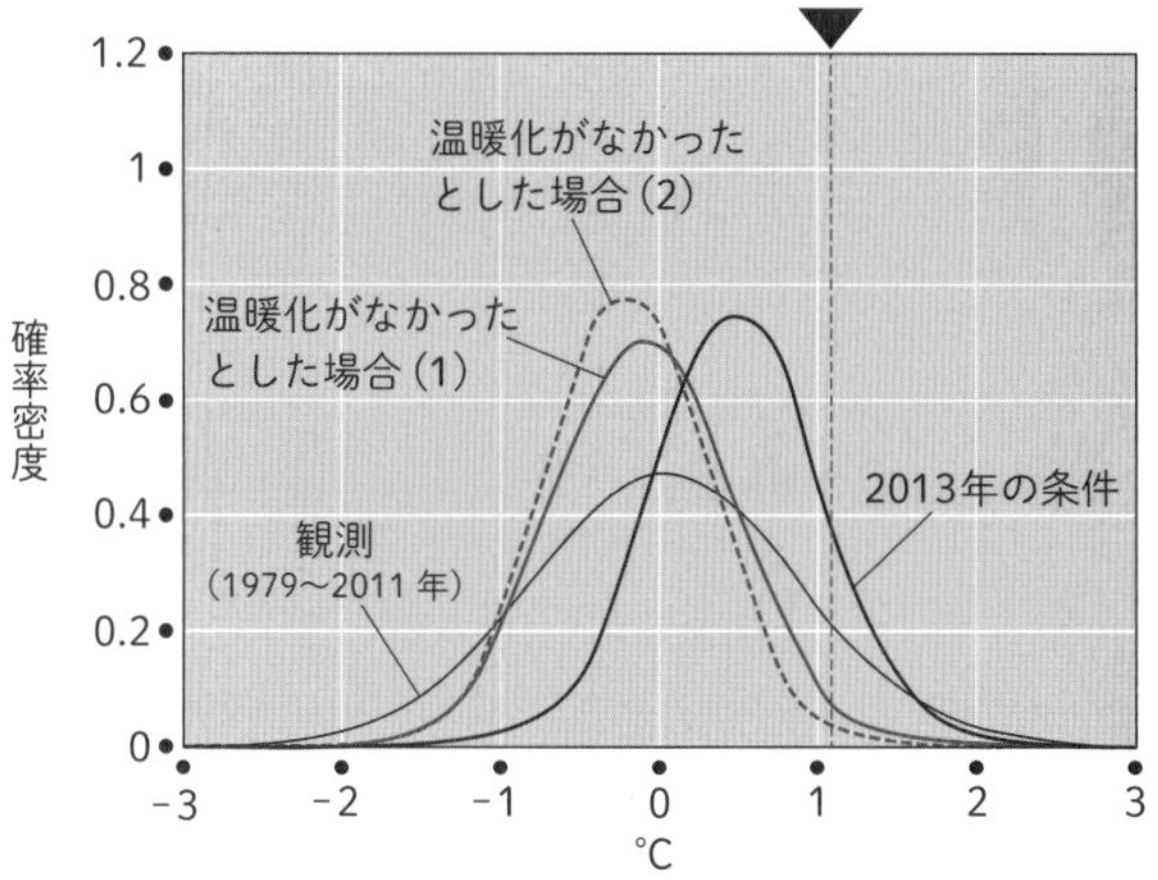

図６・10｜地球温暖化による、2013年夏の日本の猛暑の発生確率の変化。実際の2013年の夏は、７～８月の平均気温が平年より1.2℃高かったことを、三角印と縦の破線で示す。（温暖化がなかったとした場合の状態を推定する方法がいくつかあるため、ここでは２通りの条件で計算を行なっている）。図の出典：今田ほか（2014）

そしてさらにもう一つ、今度は、もし温暖化がなかったら、2013年並みの猛暑が起きる確率はどれくらいだったのかを調べてやる必要があります。

そのためには、次のような手順を踏みます。まず、過去の観測データや地球温暖化予測用のシミュレーションモデルの結果を調べ、地球温暖化がなかった1850年前後から対象となる2013年までに、海面水温が平均的にどのくらい暖かくなったか、昇温量を求めます。そしてその昇温分を2013年の実際の海面水温分布から差し引くことで、「地球温暖化がない世界での2013年」の水温分布をつくり出すのです。こうして得られた仮想的な海面水温を境界条件にして、あとは先ほど述べた本物の2013年のシミュレーションと同様に、多数のメンバーからなるアンサンブル実験を行ないます。

気象研究所の今田博士らがこのようにして得た研究結果が、図6・10です。この図に示されたグラフには「確率密度関数」といういかめしい名前がついていますが、要は図6・8にある玉の分布の形を表したもの、と思ってもらってけっこうです。今田博士らはこの図をもとに詳しい計算を行ない、地球温暖化がなければ0・50〜1・73％程度であった2013年のような猛暑の発生確率が、地球温暖化により12・4％にまで上昇している、と評価しました。地球温暖化により、猛暑の発生確率が10倍前後にまで上がっている可能性が示されたのです。

このように、ある年に起こった異常気象に対する地球温暖化の影響を評価する研究手法をイベント・アトリビューションと呼び、日本に限らず世界各地での異常気象にこの手法を適用する研究が、最近盛んになってきています。

イベント・アトリビューションの課題と将来

「地球温暖化のない２０１３年」のような仮想的な条件での実験を行なえるという点で、イベント・アトリビューションは、数値シミュレーションの特長をうまく活かした研究手法といえるでしょう。多くの事例に対してイベント・アトリビューションの研究を行なった結果、地球温暖化の影響がはっきり認められるものと、そうでないものとがあることがわかってきました。

例えば、２０１０年に発生したロシアの熱波や南アマゾンの干ばつなどについては地球温暖化の影響が認められる一方、２０１２年7月に九州北部を襲い30人の尊い命を奪った豪雨に関しては、自然のゆらぎのなかで起こった事象という側面が強いという評価が、これまでの研究で得られています。

ただし、豪雨など雨が絡む異常気象に関しては、イベント・アトリビューションの手法は十分に信頼できるレベルには達していない、といわざるをえません。雨が絡む異常気象のシミュレーションが難しいのは、細かな地形の影響や、水蒸気や気圧の分布の詳細な構造、雲が形成される際の正確なメカニズムなどが重要になってくるため、現在用いられているシミュレーションモデルに導入済みの経験則や解像度では不十分なところが出てくるためです。

こういった事情があるので、前記の九州北部豪雨に関する評価では、豪雨の確率を直接計算したわけではなく、豪雨の背景となった気圧配置ができる確率を計算しています。そのため猛暑の確率のときに比べ、少し間接的な評価になっています。

2013年発行のIPCCの第5次報告書では、地球温暖化による極端な事象や異常気象の変化予測について、表6・1のようにまとめています。左から2列目「変化が生じているか」と3列目「人間活動の寄与」（地球温暖化の影響）を、個別の事例に対し数字で評価するのがイベント・アトリビューションの役割ということになります。「暑い日の頻度」といった気温に関する変化についての記述に比べ、「大雨の頻度」といった雨が絡む変化については歯切れの悪い表現になっていることに気がつくと思います。また台風（熱帯低気圧）についても、現時点で温暖化の影響を確信的に語ることはできない状況です。

表 6・1 | 近年観測された変化の世界規模の評価、その変化に対する人間活動の寄与、21 世紀初頭（2016 〜 2035 年）及び 21 世紀末（2081 〜 2100 年）の将来変化予測。第 5 次評価報告書の予測は 1986 〜 2005 年平均を基準としており、特に断らない限り、新しい「代表的濃度経路（RCP)」と呼ばれる社会経済シナリオを使用している。IPCC 第 5 次報告書の表 SPM-1 を改変

現象及び変化傾向	変化が生じているか	人間活動の寄与	21世紀初頭に予測される変化	21世紀末に予測される変化
ほとんどの陸域で寒い日や寒い夜の頻度の減少や昇温	可能性が非常に高い	可能性が非常に高い	可能性が高い	ほぼ確実
ほとんどの陸域で暑い日や暑い夜の頻度の減少や昇温	可能性が非常に高い	可能性が非常に高い	可能性が高い	ほぼ確実
ほとんどの陸域で継続的な高温／熱波の頻度や継続期間の増加	世界規模で確信度が中程度 ヨーロッパ、アジア、オーストラリアの大部分で可能性が高い	可能性が高い	正式に発表されていない	可能性が非常に高い
大雨の頻度、強度、大雨の降水量の増加	減少している陸域より増加している陸域のほうが大可能性が高い	確信度が中程度	多くの陸域で可能性が高い	中緯度の大陸のほとんどと湿潤な熱帯域で可能性が非常に高い
干ばつの強度や持続時間の増加	世界規模で確信が低い いくつかの地域で変化した可能性が高い	確信度が低い	確信度が低い	地域規模から世界規模で可能性が高い（確信度は中程度）
強い熱帯低気圧の活動度の増加	長期（100年規模）変化の確信度が低い 1970年以降北大西洋でほぼ確実	確信度が低い	確信度が低い	北西大西洋と北大西洋でどちらかといえば起こる

少し皮肉めいたことをいえば、「地球が温暖化すれば、暑い日が増える」といった同義反復のような当たり前のことしか自信をもって評価することはできず、温暖化の影響で集中豪雨の頻度が上がったり、台風が強くなったりしているか、といった本当に知りたいことについては、おおよその見当をつける程度の評価にとどまっている、ということになります。

もちろん、温暖化の影響についておおよその見当をつけることはとても大切で、100%の自信をもっていえないからといって無意味だということにはなりませんが、やはり雨や台風に関してもシミュレーションの精度向上が望まれます。

とはいえ、イベント・アトリビューションの研究が盛んになってきたことは、筆者にとって時代の変わり目を感じさせる状況でもあります。というのも、少し前、10年くらいでしょうか、その頃は何か異常気象が起こって地球温暖化との関連が取りざたされても、科学者は「個々の異常気象が地球温暖化のせいかどうか、断定することはできません」とだけ答えるのが常でした。先に説明したように、異常気象は一定の確率で発生しますから、この答えはまったくもって正しいのですが、やはり物足りない感じはぬぐえません。

そこで、科学的な誠実さを保ちながら、地球温暖化が異常気象に及ぼす影響について何かいえることはないか、科学者たちが模索するなかから編み出されてきたのがイベント・アトリビューションの手法です。

将来的には世界各地で顕著な異常気象が生じるたびに地球温暖化の影響を評価し、新聞、テレビ、インターネットなどを通じて社会に伝える仕組みが一般化するかもしれません。そのためにも、研究者たちは、シミュレーションモデルの改善のため、よりよい経験則を導入したり、高性能の計算機を利用して解像度を上げたりといった努力を重ねています。

参考文献

Imada, Y., H. Shiogama, M. Watanabe, M. Mori, M. Ishii, and M. Kimoto, The contribution of anthropogenic forcing to the Japanese heat waves of 2013 [in "Explaining Extremes of 2013 from a Climate Perspective"]. *Bull. Amer. Meteor. Soc.*,, 95(9): S52-S54, 2014.

IPCC (2013) Climate Change 2013: *The Physical Science Basis. Contribution of Working Group I to the Fifth Assessment Report of the Intergovernmental Panel on Climate Change* [Stocker, T.F., D. Qin, G.-K. Plattner, M. Tignor, S.K. Allen, J. Boschung, A. Nauels, Y. Xia, V. Bex and P.M. Midgley (eds.)]. Cambridge University Press, Cambridge, United Kingdom and New York, NY, USA, 1535 pp.

Yoshiaki Miyamoto, Yoshiyuki Kajikawa, Ryuji Yoshida, Tsuyoshi Yamaura, Hisashi Yashiro, and Hirofumi Tomita (2013) Deep moist atmospheric convection in a subkilometer global simulation, *Geophysical Research Letters*, 40, 4922-4926, doi:10.1002/grl.50944.

Kazuhisa Tsuboki, Mayumi K. Yoshioka, Taro Shinoda, Masaya Kato, Sachie Kanada, and Akio Kitoh (2015) Future increase of supertyphoon intensity associated with climate change, *Geophys. Res. Lett.*, 42, 646–652, doi:10.1002/2014GL061793.

第7章

シミュレーションで読み解くエルニーニョ

第6章で述べた異常気象や極端現象に、しばしば背景として深くかかわっている現象として、エルニーニョがあります。読者のみなさんも、テレビの天気予報などで言葉自体は聞いたことがあると思いますが、どんな現象か、とあらたまって聞かれると、答えに詰まる方がいるかもしれません。

エルニーニョは太平洋赤道域で1年前後続く現象なので、数か月前からエルニーニョ発生が予見できれば意味のある予測といえます。この数か月、という時間規模での予測は、これまで述べてきた天気予報や地球温暖化予測の中間にあたり、天気予報に似た面と、地球温暖化予測に似た面をあわせ持つ、なかなかに複雑な領域です。

本章ではこのエルニーニョについて、基本的な現象の説明のあと、数値シミュレーションによる予測がどのように行なわれているか見ていきます。

エルニーニョとは、そもそも

エルニーニョという言葉自体は、もともと気象や気候に関するものではありません。スペイン語の定冠詞 "el"（エル）と、男の子を意味する "niño"（ニーニョ）という単語からできあがっている言葉で、英語でいえば "the boy" です。定冠詞 the は名詞について、「その」とか「あの」とか、その名詞が話題に上っている特定のものであることを表す、と学校で習いますが、特に強調して "the 何々" といえば、「何々にもいろいろあるけれど、何か一つといわれればこれ」といったニュアンスがあります（そのようなニュアンスをもたせる場合、「ザ・何々」ではなく「ズィー・何々」などと発音しますし、文章で書くときにはイタリック体で強調したりします）。つまり、the boy すなわちエルニーニョは「あまたいる男の子のなかでも、一人だけ選べといわれればこの男の子」ということで、神の子イエス・キリストを意味しています。

さて英文法に話が逸れましたが、ではなぜイエス・キリストを意味するスペイン語が、天気予報で聞くエルニーニョのことを指すようになったのでしょうか。実は、南

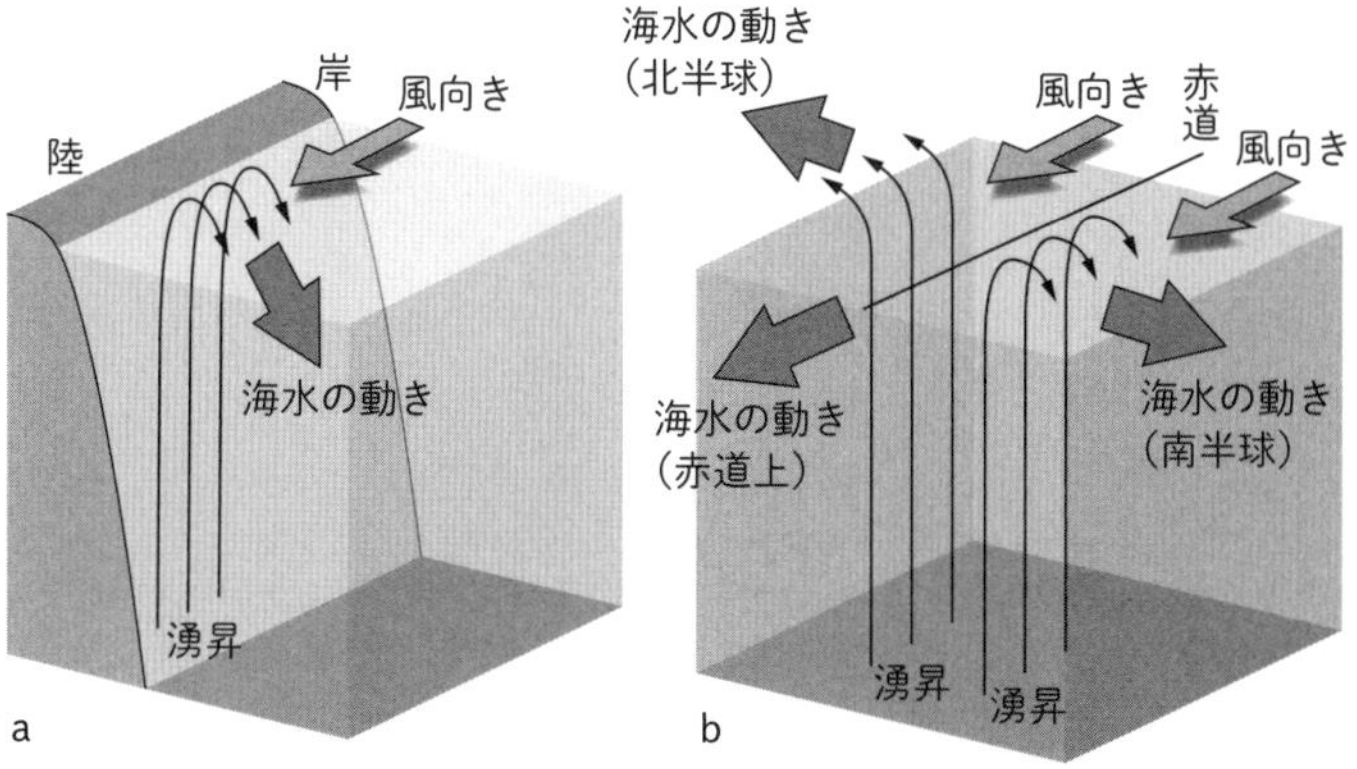

図7・1｜岸（右）と赤道（左）付近の風向きと海水の流れの関係

米の国ペルーの漁師さんたちの間でクリスマス（ご存じのとおりイエス・キリストの誕生日ですね）の前後に海で起こる事象をエルニーニョと呼びならわしていたのがそもそもの起源です。

ペルーの沖合では、1年のうち夏場（南半球なので12月から2月くらいです）を除く多くの期間で、主に北向きの風が吹きます。それに引きずられて表面近くの海水も動きますが、風と同じ方向に動くのではなく、南半球の場合、第2章で触れたコリオリ力が海水の進行方向に対して左側に働き、全体としては図7・1aに示したように岸から離れる方向に動きます。

これを放っておくと、岸付近からどんどん

海水がなくなってしまうので、そうならないよう、深いところから冷たい海水が湧き上がってきます。この湧き上がりを湧昇流《ゆうしょうりゅう》と呼び、水深200メートルくらい以上の深く暗いところに豊富にある栄養分を、光が届く表面付近まで運ぶ役割をもっています。

このため植物プランクトンの光合成が盛んになり、それを餌にするカタクチイワシ（アンチョビ）がこの海域で盛んにとれるのです。北向きの風がペルーの漁師さんたちの生活を支えています。

その風も、クリスマス前後には弱まり、カタクチイワシもとれなくなって、漁もしばらくお休みになります。この風の弱まりが、エルニーニョという単語がもともと指している現象でした。

地球規模のエルニーニョ

前節のもともとのエルニーニョは、例年3月頃に終わり、また北向きの風が吹き出して漁が始まります。ただ数年に一度、風が夏場までやんだままで、魚がとれなくなってしまう年があります。この不漁が、以下で説明するような太平洋赤道域全体にまたがる大規模な現象の結果だということが、20世紀の後半になってわかってきたのです。

太平洋赤道域では、貿易風と呼ばれる強い西向きの風が一年中吹いて、表面付近の海水を引きずっています。赤道上ではコリオリ力は働かず、風向きと同じ方向に海水が運ばれますが、赤道から少し離れると、ペルー沖のときと同様、コリオリ力のせいで海水は、風とは直交する向きに運ばれます。コリオリ力は、北半球では進行方向に対し右向き、南半球では左向きに働くので、図7・1bのように、海水は南北両半球で赤道から離れる向きに運ばれます。これも放っておくと赤道域に海水がなくなってしまうので、それを補うように冷たい湧昇流が発生します。こうして、赤道上を西向きに運ばれてきた暖かい海水が吹きだまって西部は海面水温が高くなり、中央部から東部にかけては湧昇流のため低くなります。

図7・2aは、海を赤道に沿って縦に切ったときの断面図です。これまで述べたプロセスによって、西側に暖かい水が吹き寄せられて分厚い層をなし、東側へ行くほどその層が薄くなっています。暖かい西側の海上にある空気は温められ軽くなって上昇

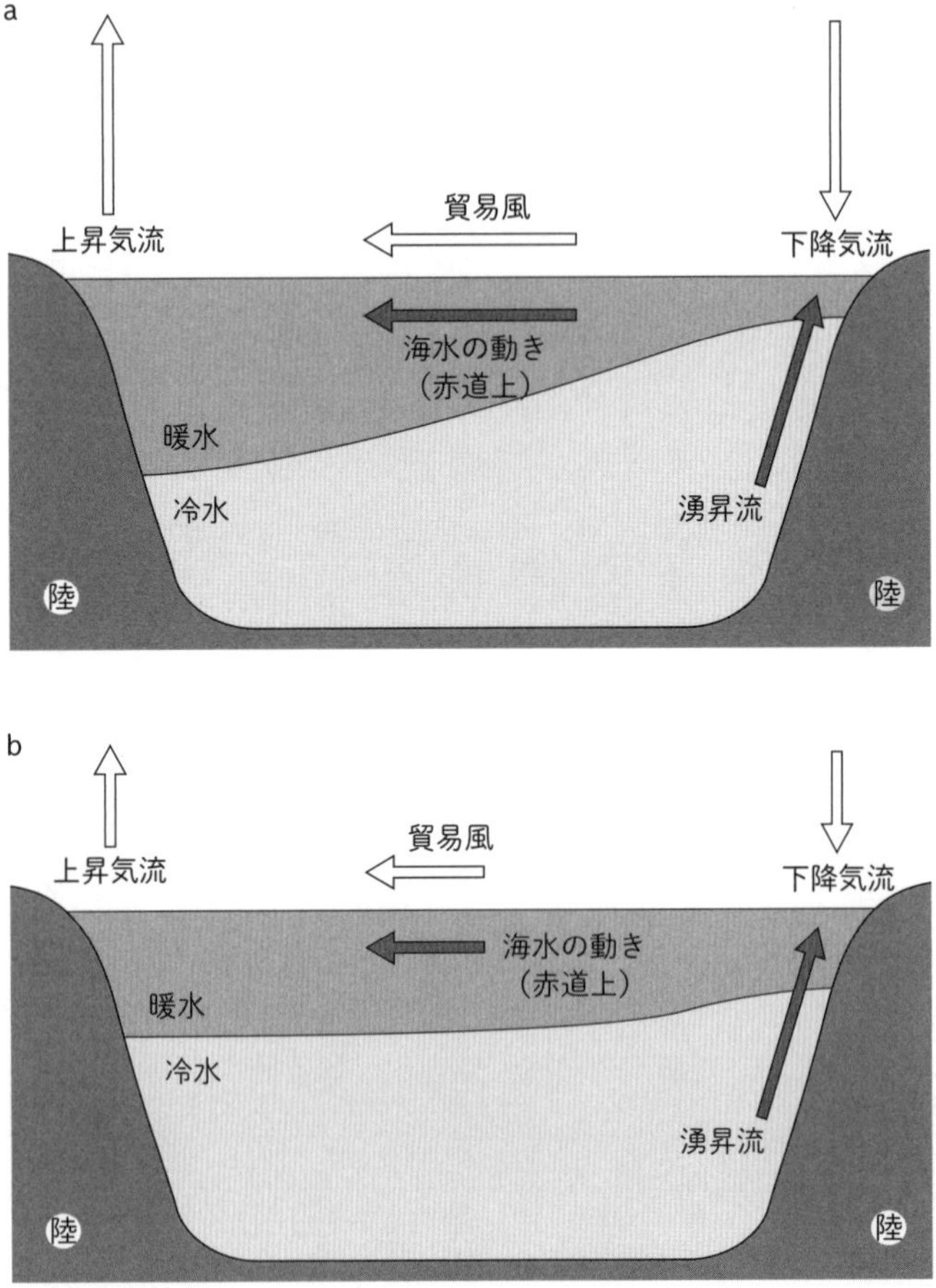

図7・2｜太平洋を赤道に沿って縦に切った断面図。aが通常の状態を、bがエルニーニョが発生したときの状態を示す

気流が発生し、東側では冷やされ重くなった空気で下降気流が生じます。上昇気流のせいで気圧が低くなった西側へ、下降気流のせいで気圧が高くなった東側から空気が流れ込むように吹いているのが貿易風、というわけです。

さてこの貿易風が、何らかの原因で弱くなったとしたらどのようなことが起こるでしょうか。暖かい水の西側への吹き寄せが少なくなり、暖かい水の層は図7・2bのように平べったくなります。海面水温の東西コントラストが不明瞭になり、東西の気圧差も小さくなって、この気圧差で引き起こされていた貿易風がさらに弱くなってしまいます。こうして行きつくところまで行きついてしまった状態が、天気予報で聞くエルニーニョです。前節のもともとのエルニーニョと区別するために「エルニーニョ現象」と呼ぶこともありますが、以降でもともとのエルニーニョの話が出てくることはないので、大規模現象のほうもエルニーニョで通すことにします。

エルニーニョは一度発生すると1年ほど続き、3~7年ごとに繰り返されることが多いと知られています。図7・3には1997年に起こったエルニーニョと、それに引き続いて今度は海面水温がぐっと下がったときの海面水温偏差(平年からのずれ)を掲げました。20世紀最大ともいわれる1997年のエルニーニョ時は、太平洋赤道

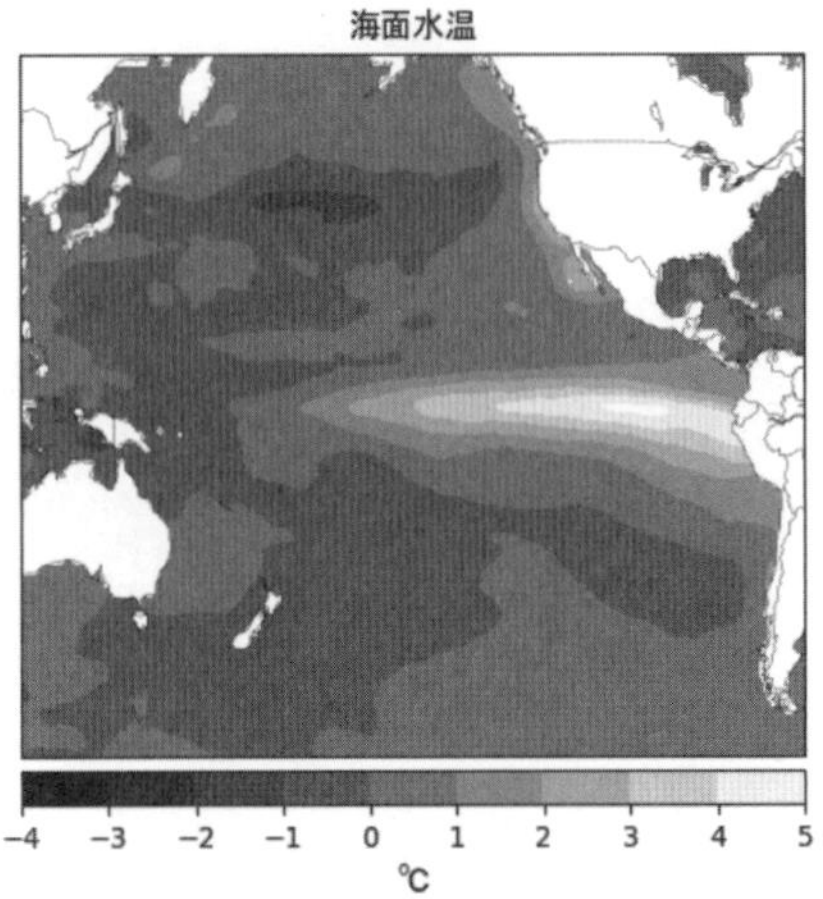

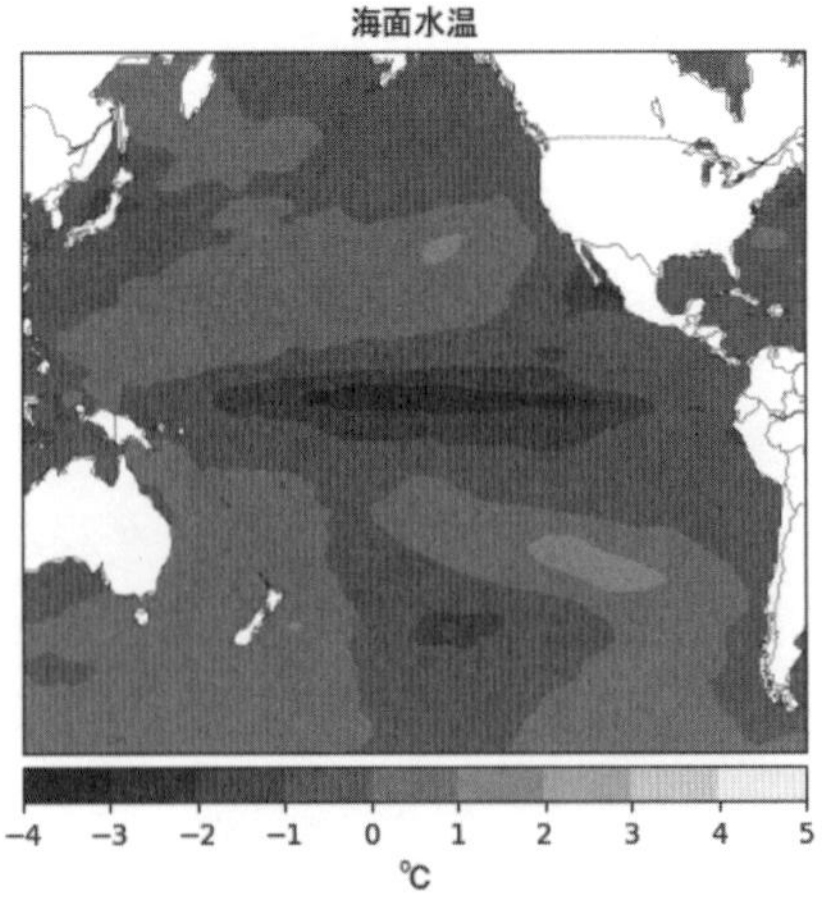

図7・3 | 1997年11月（上）と、1988年12月における月平均海面水温の平年からのずれ（下）

域東部の偏差が5℃にも上り、後で触れるように、世界各地で天候が著しく乱れました。

反対に何かのきっかけで貿易風が強くなると、先ほどとは逆のストーリーをたどって、貿易風がますます強くなり、海面水温や気圧の東西コントラストはより明瞭になります。図7・3の下がこうした状態にあたります。これをラニーニャと呼び、スペイン語の"la niña"（少女）という単語からとっています。"el niño"が神の子イエス・キリストを指すのですから、"la niña"は「永貞童女」とも称される聖母マリアのことかとも思いますが、そんなことはなく、単に男の子を意味するエルニーニョの反対ということで研究者が名づけたもののようです。

エルニーニョ・ラニーニャに伴う天候異常

エルニーニョは太平洋赤道域で発生する現象ですが、その影響は波のように地球全体に伝わり、日本を含む世界各地に天候異常をもたらします。傾向として、エルニーニョが発生すると日本は冷夏、暖冬になりやすく、またラニーニャのときには猛暑、厳冬になりやすいといわれています。ただし、日本の気候に影響を与える要素はエルニーニョやラニーニャだけではないので、必ずそうなる、というわけではないことに注意が必要です。

1997年に発生した20世紀最大級のエルニーニョのときには、日本は記録的な暖冬になり、冬物衣料の売れ行きやスキー産業などに大きな悪影響がありました。同じエルニーニョ期間中には、ヨーロッパ東部（チェコ、ポーランド、ドイツなど）で大雨が降り、これもやはり20世紀最大規模といわれた洪水が発生し、100名以上の死者が出たと報じられました。ヨーロッパの大雨は2002年のエルニーニョの際にも発生しましたが、このとき筆者はドイツで期限付きの職を得て働いていたので、エルベ川の洪水がテレビなどで盛んに報道されていたのが強く印象に残っています。

エルニーニョ、ラニーニャがどのようなメカニズムでこうした異常気象を起こすのか、という問題はたいへん重要で、シミュレーションによる異常気象の再現などといった研究も盛んに行なわれていますが、この章ではエルニーニョそのものの予測について述べようと思っています。エルニーニョと異常気象の関係については他に良書（2017年刊、朝倉書店『「異常気象」の考え方』木本昌秀など）が多くあるので、本書ではここまでにとどめ、詳しいことはそちらに譲ることにします。

天気予報とエルニーニョ予測

気象庁では、月に1回「エルニーニョ監視速報」を公開し、エルニーニョ、ラニーニャのよい指標となる太平洋赤道域東部の海面水温のここ1年ほどの推移と、今後半年ほどの予測を発表しています（http://www.data.jma.go.jp/gmd/cpd/elnino/）。また筆者の所属する海洋研究開発機構も、エルニーニョ予測を含む季節予測を、研究ベースでの結果を公表しています（http://www.jamstec.go.jp/frcgc/research/d1/iod/index.html）。これらの予測にも当然シミュレーションモデルが使われますが、第3章で述べた天気予報に使うものとは、海もシミュレーションモデルに含まれているという点で大きな違いがあります。

天気予報では、予測を行なうのが1週間ほどの短い期間で、その間に海面水温の分布はあまり変化しません。したがって、海面水温は入力データとしてシミュレーションモデルに与え、大気のみをシミュレーションすることで十分な精度の予報ができます。一方、エルニーニョ予測では、1年余り先までを予測対象としています。これまで説明したとおり、湧昇流などの海洋内部の現象が海面水温を変化させ、それに呼応して変化した大気がさらに海洋に影響を与える、といった大気海洋相互作用が本質的に重要な役割を果たします。この点では、エルニーニョ予測は天気予報より地球温暖化予測に近いといえます。

というわけで、エルニーニョ予測モデルは海も含めてシミュレーションを行ないますが、もう一つ注意しないといけないのは、予測開始時点における、大気と海の状態を正確に把握することが決定的に大事だという点です。ですので、データ同化（第3章参照）も海に対して施します。この点、予測開始時の大気海洋の状態については、現実から大きく離れない限りある程度おおまかなデータでもよかった地球温暖化予測よりは、天気予報に似ているといえます。

データ同化に使用する海洋観測データは主に、海水の密度を決めるのに重要な水温と塩分で、大気で重要な役割を果たしていた水蒸気は、当たり前ですが入っていません。

こうした違いはありますが、条件を少しずつ変えた計算を多数行なうアンサンブル予測の手法をとっている点はエルニーニョ予測と天気予報で共通しています。したがって、エルニーニョ予測は「３か月後の海面水温は何度」と断定するタイプのものではなく、台風予測のときの予報円に相当するような、ある程度の曖昧さを伴った確率的予測になります。

エルニーニョ予測の精度

エルニーニョ予測はどの程度当たるのでしょうか。図７・４ａ（口絵６）は海洋研究開発機構の予測システムの検証結果を示すグラフで、図７・４ｂに示したＮＩＮＯ３・４と呼ばれる海域で平均した海面水温の偏差（時間平均からのずれ）を１９８４年から２０１４年初頭まで示しています。３か月前と６か月前からの予測結果がそれぞれ赤線と青線でプロットされ、観測データと比較されていますが、この図の見方は少し丁寧に説明したほうがよさそうです。

まず赤い線が「３か月リード予測」を表すとありますが、これは3か月前からの予

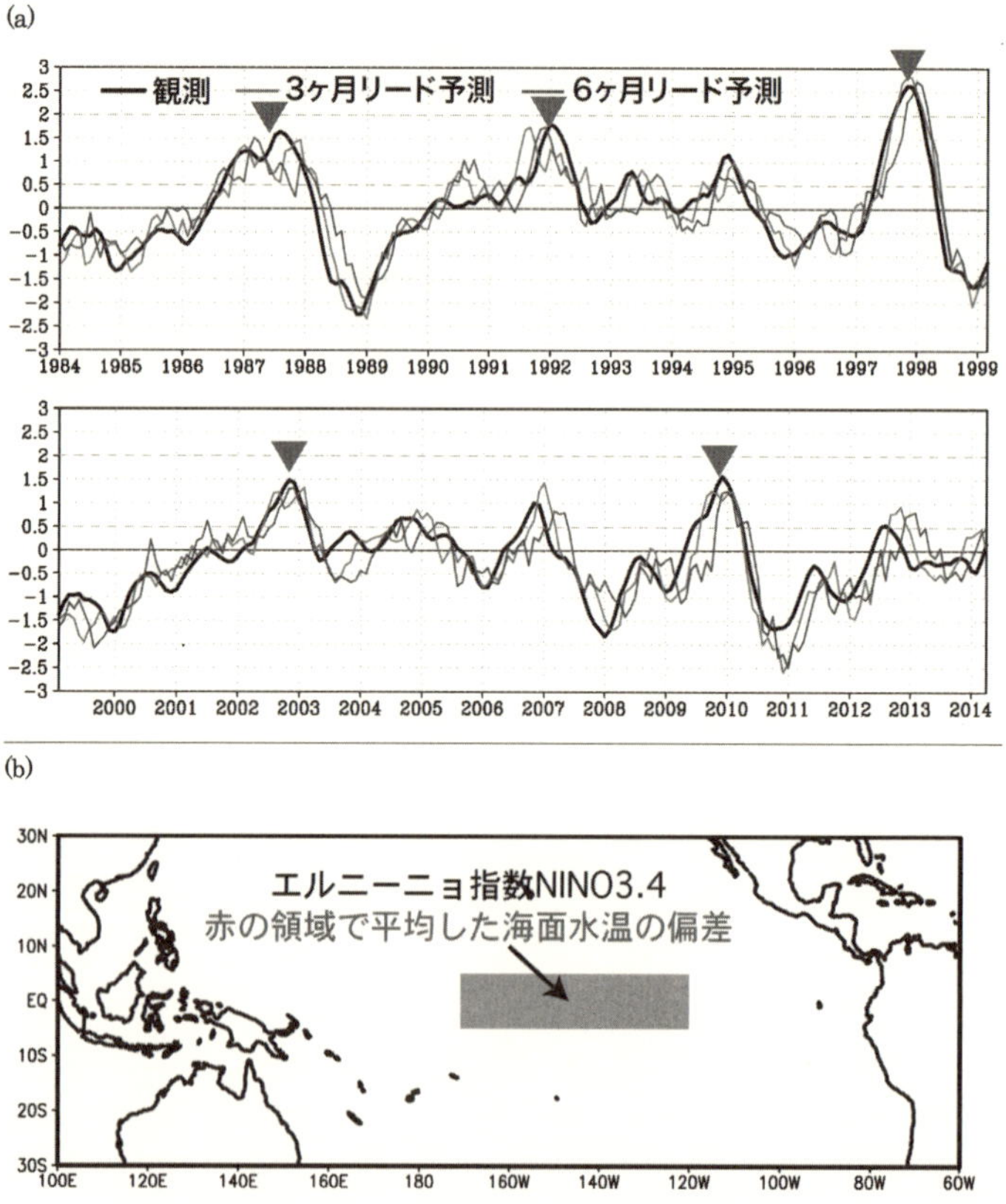

図7・4｜a図は3か月前（赤）、6か月前（青）からの予測結果と観測データ（黒）との比較。b図に示したNINO3.4と呼ばれる太平洋赤道域の海面水温の時系列を示している。図の提供：土井威志博士

測、という意味です。「3か月前からの予測なのに、グラフは3か月以上続いているではないか」と思うかもしれませんが、この赤い線の、例えば2000年4月1日のデータは、2000年1月1日に始めた予測の3か月目、5月1日のデータは2月1日に始めた予測の3か月目、というように、別々の予測結果からとっています。同様に青い線については、2000年1月1日から始めた予測の6か月目の結果を7月1日のデータとして、という具合に、6か月予測の結果をつなげてつくります（アンサンブル予測を行なうので、正確にはアンサンブルメンバーの平均値をデータとしてプロットします）。

回りくどい説明になってしまったかもしれませんが、要するに赤い線が黒い線とよく合っていれば、このシミュレーションモデルは3か月先の予測がうまくできる、青い線が黒い線と合っていれば6か月予測がうまくできる、ということを意味します。

ここまで理解したところで図7・4aを見返すと、3か月予測、6か月予測ともになかなかよい成績のように見えます。赤い三角で示した大きなエルニーニョに関しては、ピークの位置が若干ずれていることはあるものの、発生自体はすべてのケースで予測されています。

　では、エルニーニョ予測は現時点ですでに完成しており、大きく改良すべき点はない、と思ってしまってよいのでしょうか。実はそうともいえず、特に最近は予測が大きく外れた事例も出てきています。

予測の障壁・スプリングバリア

　エルニーニョ予測の分野で昔から知られている問題として、予測期間が春をまたぐ場合の予測が難しい、という話があります。図7・5は、世界各国の研究機関で開発されているシミュレーションモデルによる予測の性能を示したグラフです。図の実線1本1本が各々のシミュレーションモデルの予測結果を表し、縦軸は海面水温の相関係数、つまり、予測された水温分布が現実のものとどれだけ似ているか、を示しています。相関係数が1に近いほど現実とよく似ており、0に近いほど違いが大きいことを意味します。横軸はリードタイム、つまり、何か月先までの予測かを表しているので、図7・5は、「モデルAを使って予測すると、1か月後は現実とどれくらい似ているか、

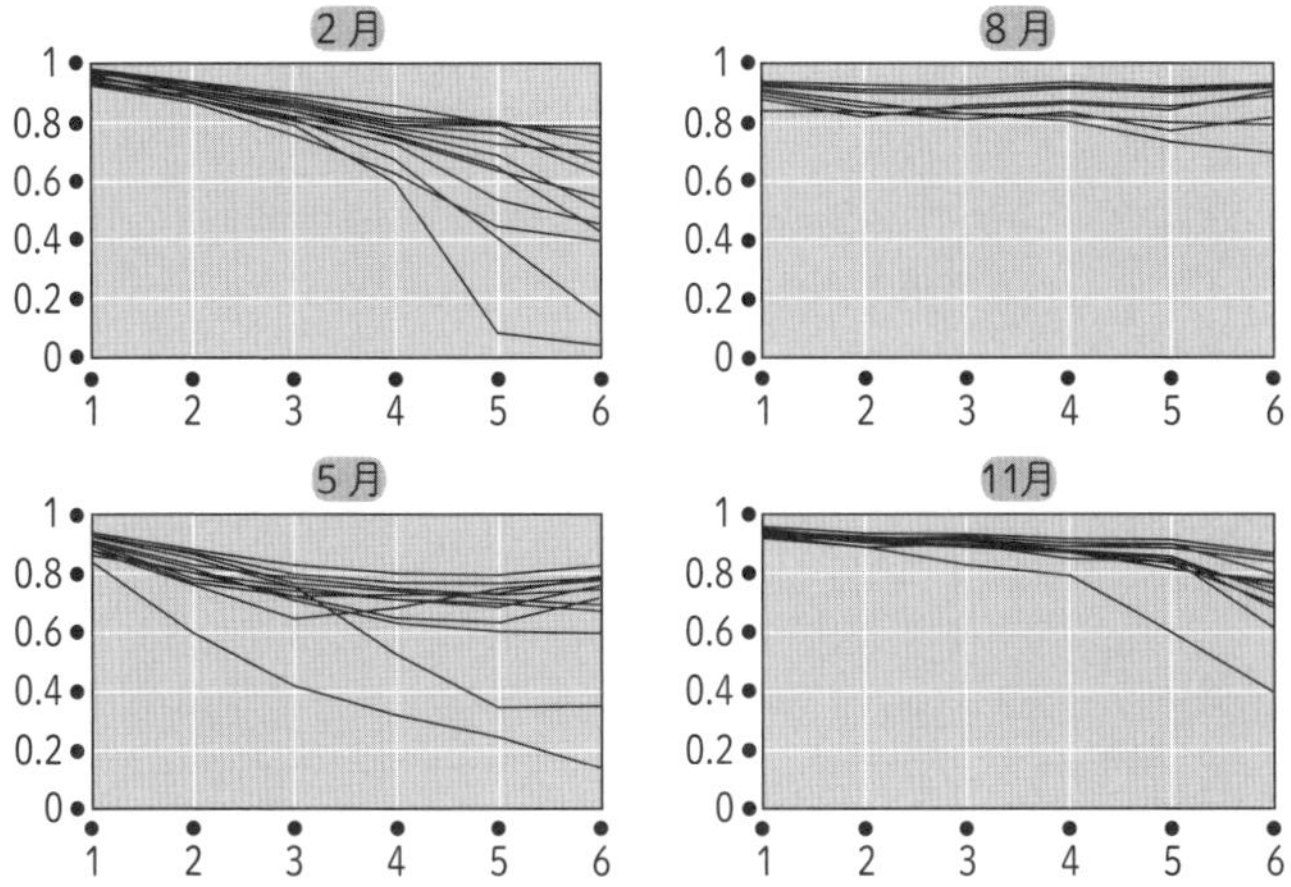

図７・５｜さまざまな予測開始時期ごとの、各国モデルの予測性能の違い。実線１本１本が個々のモデルに対応する。横軸にリードタイム（何か月先までの予測か）をとり、縦軸は海面水温の相関係数（空間分布がどれだけ似ているか）を示している。相関係数が１に近いほど予測性能がよく、０に近いほど悪い。図の出典：Jin ほか（2008）

2か月後はどれくらいか、3か月後は……、またモデルBでは……」という、シミュレーションモデルごとの予測性能の推移を示していることになります。

図7・5では予測開始時期を変えた結果を並べています。これを見ると、2月・5月といった春先～春の時期から始めた予測は、8月、11月から始めたものより全般的に成績がよくないことがわかります。これがスプリングバリア（春の障壁）として知られた問題で、エルニーニョ予測に関わる研究者らの間で大きな課題になっています。

スプリングバリアがなぜ存在するのかは明らかになっていませんが、エルニーニョやラニーニャは夏頃から成長を始めて春前に収束することが多いので、春の時期は次にエルニーニョに向かうかラニーニャに向かうか、はたまた平年状態のままか、という予兆が小さいことが理由の一つといえるでしょう。第3章で触れたローレンツ・アトラクタに即していえば、第3章図3・6の2枚の蝶の羽のちょうど境目くらいにボールがあり、この先、右の羽に行くのか、左の羽に行くのか判然としない状態にあたります。ただしこの説明にしても、ではなぜエルニーニョやラニーニャは春前に収束することが多いのか、という問題は残ってしまいます。

スプリングバリア vs ゴジラ

2014年は、このスプリングバリアに悩まされた年といってよいかもしれません。2014年4月に気象庁から出されたエルニーニョ監視速報では、「今後、エルニーニョ監視海域の海面水温が次第に基準値より高くなると予測され、夏には5年ぶりにエルニーニョ現象が発生する可能性が高い」と発表されていました。

ところが同じ年の7月には「6月のエルニーニョ監視海域の海面水温の基準値との差は5月より大きくなったが、エルニーニョ現象の発生には至っていない」とされ、「夏にエルニーニョ現象が発生する可能性はこれまでの予測より低くなった」と結論しています。

しかし12月になると「エルニーニョ現象が発生しているとみられる。ただし、大気の状態にはエルニーニョ現象時の特徴が明瞭には現われていない」とエルニーニョ発生を宣言し、さらに振り返って「なお、このエルニーニョ現象は既に夏から発生していたと考えられる」と述べています。結局、エルニーニョは発生したということになったわけですし、もともと確率を含んだ表現になっているので、予測が間違っていたと言い切ることはできませんが、二転三転してわかりづらかったという印象をもってしまいます。

特にこの年、予測がうまくいかなかった理由についてはまだ結論が出ていませんが、太平洋赤道域の南側で海水温がいつもより冷たくなり、その冷たい海域の影響で赤道域東部の海面水温があまり暖かくなれなかったのではないか、ともいわれています。

これが本当だとすれば、この年の予測がうまくいかなかったのは、スプリングバリアのせいだけではないでしょう。予測精度向上のためには、乗り越えるべき障壁がまだまだありそうです。

なお、ここでは予測がうまくいかなかったケースを強調してしまいましたが、うまく予測できるケースも多いことは申し添えておきます。念のため。例えば、翌2015年夏には、過去最大ともいわれ、「ゴジラエルニーニョ」というニックネームをつけた海外報道機関も現れるほどの強いエルニーニョが発生しましたが、このときは3月から一貫して発生が予測されていました。この年の日本は、冷夏、暖冬という、エルニーニョ発生時の典型的な傾向を示しました。

新しいエルニーニョ

エルニーニョ予測に携わる研究者らを悩ませている他の問題として、20世紀終わり頃から、ちょっと様子の変わったエルニーニョが観測されるようになったことがあり

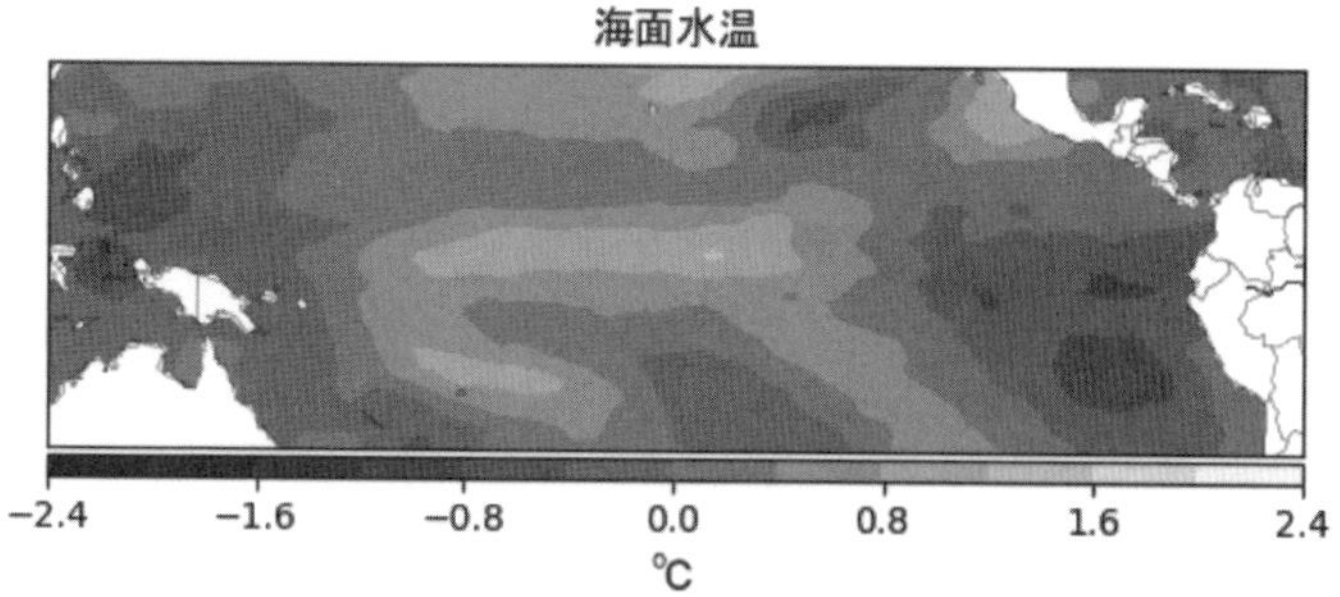

図7・6 | 2004年8月における海面水温の平年からのずれ。この年は、「エルニーニョモドキ」が発生したとされている

ます。

図7・6は、2004年8月の海面水温の平年からのずれを表しています。太平洋赤道域にデンと暖かい水が鎮座している特徴はエルニーニョと同じですが、図7・3の上図と比べてみると、東端の岸近くが冷たくなっている点が、典型的なエルニーニョとは異なります。似たようなパターンは、1994年にも出現しています。

2004年に発表された論文で、当時東京大学にいた山形俊男教授らの研究グループは、これを「エルニーニョモドキ」と名づけ、英語の論文中でも"El Niño Modoki"と「モドキ」のローマ字綴りをそのまま記載しています。ただ海外の研究者は同様の現象を「中央エルニーニョ(Central El Niño)」「暖水プールエルニーニョ(Warm-pool El Niño)」などと呼ぶこともあり、名称が統一されていません。ゴジラエルニーニョのときには、日本発のキャラクター名にちなんだニックネームが世界を駆け巡りましたが、モドキはこの先、どうなるのでしょうか。

こうした新型のエルニーニョは、世界各地の天候に影響を与えますが、その様子はオリジナルのエルニーニョとは異なっています。例えば、アメリカ西海岸ではエルニーニョ発生時には雨が多くなりますが、エルニーニョモドキのときは逆に雨が少なくなる傾向が指摘されています。また2004年のエルニーニョモドキ発生時の日本では、エルニーニョのときに多い冷夏ではなく、猛暑になりました。

エルニーニョモドキがもたらす天候異常は盛んに研究が行なわれるようになってきていますが、ごく最近になって観測され始めた現象なので、世界各地での天候異常の傾向をとりまとめるにはデータも少なく、研究者がみな納得するような地球規模でのイメージは描けていないのが実情です。また、シミュレーションモデルによる予測にしても、エルニーニョモドキはもとのエルニーニョに比べて予測が難しいようです。

将来のエルニーニョ

なぜ、エルニーニョモドキが最近になって発生するようになったのでしょうか。この点についてははっきりしたことはわかっていませんが、地球温暖化が影響しているかもしれないとも指摘されています。また、もとのエルニーニョの強さが地球温暖化によって変わるのかどうか、という点も気になります。この問題について、第5章で述べた地球温暖化予測に使われた21のシミュレーションモデルによる予測結果を解析した結果を、オーストラリアのツァイ博士らが２０１５年に論文としてまとめています。

図７・７は、シミュレーションモデルで計算された太平洋赤道域東部の平均海面水温変動の、温暖化前後における標準偏差の変化を示したもので、ツァイ博士らの論文からとっています。標準偏差の詳しい説明は確率・統計の教科書に譲りますが、大まかには図７・４aの曲線が上下する幅の目安、と思っていただいてけっこうです（厳密にいうと、平均をとっている海域が少しずれていますが）。これが温暖化後に大きくなれば、エルニーニョが強くなったことになります。

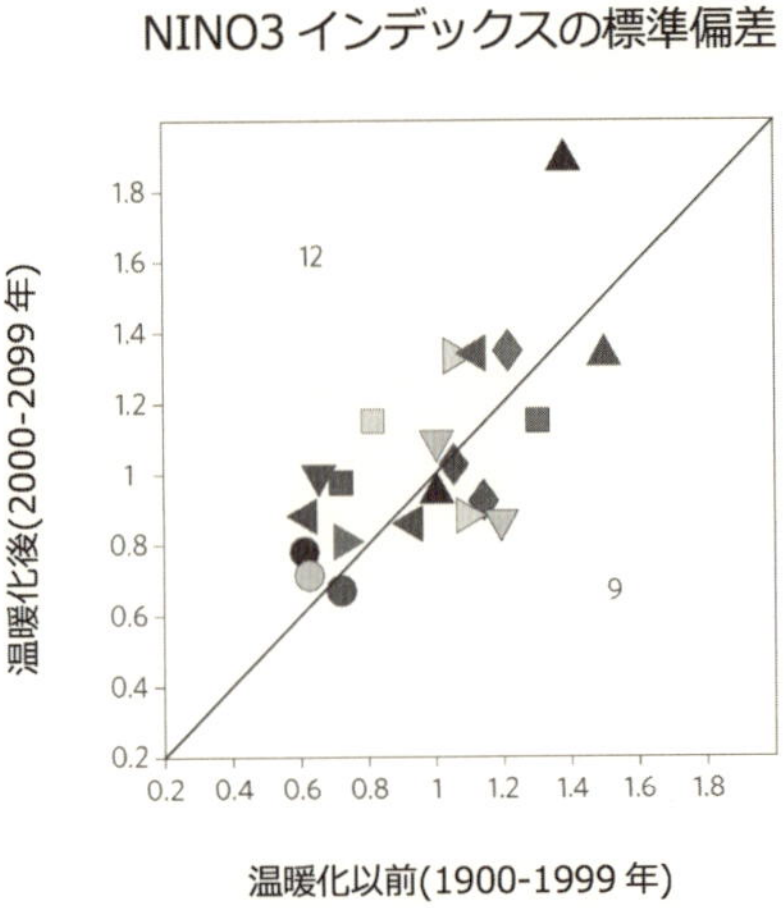

図 7・7 | 温暖化予測モデルの結果を解析して得られた、太平洋赤道域東部における海面水温の標準偏差（変化の振れ幅の目安）。一つ一つの記号（△など）がそれぞれ、あるモデル結果に対応する。温暖化以前（1900 ～ 1999 年）と温暖化後（2000 ～ 2099 年）の値を、それぞれ横軸と縦軸にとっている。図の出典：Cai ほか（2015）

図7・7では、同じシミュレーションモデルのなかでの温暖化以前の標準偏差を横軸に、温暖化後のものを縦軸にとっています。各々のシミュレーションモデルに対応する点が、図の斜めの直線に乗っていれば、温暖化前後でエルニーニョの強さがまったく変わらないことを意味し、直線より上にいれば温暖化後に強くなること、下にいれば弱くなることを表しています。

図に示したように、温暖化でエルニーニョが強くなると予測しているシミュレーションモデルが12

個、弱くなると予測しているものが9個です。単純に多数決をとれば、温暖化でエルニーニョは強くなる、という結論になってしまいますが、こういう問題は多数決や平均で決められるものではありません。21のシミュレーションモデルのうち12というのは、圧倒的多数ともいえませんし、現段階では、予測結果を総合すると「どうなるかわからない」というのが実情のようです。ただしツァイ博士らは、極端に強いエルニーニョ、ラニーニャがともに増える可能性を指摘しています。

第5章では、シミュレーションモデルによって予測される温暖化の程度に違いがあることに触れました。温暖化は基本的には「地表に達する熱が多くなれば気温は高くなる」という至極当然の現象なので、気温上昇の正確な値はともかく、傾向としては気温が上昇するという点では、すべての予測が一致していました。

エルニーニョは、大気と海洋の相互作用が複雑にからみあった微妙なバランスが本質的に重要なので、その変化の傾向については大まかな方向についてすら、予測の不一致が見られます。温暖化予測のシミュレーションモデルの開発に関わっている筆者としては多少残念な気もしますが、シミュレーションモデルで何もかも予測できるわけではない、という、当たり前の事実を伝えるのにはよい例といえるでしょう。

参考文献

Wenju Cai, Agus Santoso, Guojian Wang, Sang-Wook Yeh, Soon-Il An, Kim M. Cobb, Mat Collins, Eric Guilyardi, Fei-Fei Jin, Jong-Seong Kug, Matthieu Lengaigne, Michael J. McPhaden, Ken Takahashi, Axel Timmermann, Gabriel Vecchi, Masahiro Watanabe, and Lixin Wu (2015) ENSO and greenhouse warming, *Nature Climate Change*, 5, 849-859, doi: 10.1038/NCLIMATE2743.

Emilia K. Jin, James L. Kinter III, B. Wang, C.-K. Park , I.-S. Kang, B. P. Kirtman, J.-S. Kug, A. Kumar, J.-J. Luo, J. Schemm, J. Shukla, and T. Yamagata (2008) Current status of ENSO prediction skill in coupled ocean–atmosphere models, *Climate Dynamics*, 31, 647–664, doi: 10.1007/s00382-008-0397-3.

第8章

シミュレーション地球科学の展望

これまで見てきた気象や海洋、気候の分野だけでなく、地震などの地球科学の他分野でもシミュレーションは活用され、結果に基づいて一般市民へも情報が提供されています。

本章ではまず、こうした分野で用いられるシミュレーションモデルの成果と、前章までで述べてきたものとの違い・共通点について整理します。

次に、こうして地球科学の多くの分野で開発されているシミュレーションモデルが協力すればどんなことができそうか、またそのためにどのようなシミュレーションモデルを開発していくのかといった話題について、研究者たちの集まりで検討されている内容をベースに思いを巡らせます。

地球科学とシミュレーション

これまでの章では、大気や海洋の研究でシミュレーションモデルがどのように使われているかを見てきました。科学研究の手段としてのシミュレーションには、注目する現象の理解のために、条件を変えた計算をいくつか行ない比較することが比較的簡単にできる、という特質があります。

大規模な大気や海洋の流れの性質は、低気圧の発生原理など一部については水槽を用いた実験で調べることができますが、現実の大気や海洋の詳しい条件を水槽で再現するのは至難の業です。ですので、こうしたシミュレーションの特質は、大気や海洋の流れを調べるために大きな利点です。実験室での実験が多くの場合で可能な物理、化学、生物といった科学分野に比べ、大気、海洋分野は、「もう一つの地球」を用意してくれるシミュレーションという技術の恩恵をもっとも受けている分野といえるかもしれません。第1章で、計算機の発展による気象学上の問題解決が大きな動機づけになってきたことを述べましたが、こうして考えると当然のことなのかもしれません。

さらに、大気や海洋の科学とシミュレーションの相性をよくしているのは、シミュレーションによって生み出された結果そのものが、社会にとって有用な情報になりうるという事実です。天気予報はそのもっともわかりやすい例でしょう。

一方で例えば、医療の分野でもシミュレーションモデルを用いた研究が盛んになってきており、計算機の中で仮想の薬をつくってその効き目を検証する、といった計画が進行中です。こうした研究には大きな期待が寄せられていますが、最終的な生産物はあくまで現実の薬であり、シミュレーション結果を眺めて解釈するだけでは、世のため人のために役立つものは生み出せません。シミュレーション結果をもとに実際の薬をつくるという「次の段階」がどうしても必要になります。

これと異なり、シミュレーションの創出する情報が次の段階を経ることなしに、直接社会に伝えられ役立てられるという点も、大気、海洋の分野におけるシミュレーション研究興隆の一因でしょう。

さて、こうした特質は、何も大気や海洋に限ったことではありません。地震学や太陽地球系科学（太陽で起こるさまざまな現象が地球に与える影響を調べる分野）なども含めた地球科学全体に当てはまる特質です。例えば、震源での地震発生直後に揺れが伝わる前に警報を出す緊急地震速報は、多数のシミュレーション結果を保管し、現実の地震と似たようなケースをすぐに取り出せるようにしたデータベースを基にしています。

また、太陽でフレアと呼ばれる爆発現象が起こったときに、ラジオ放送や人工衛星、カーナビ、送電設備などに与える影響を予報する宇宙天気予報が、情報通信研究機構から出されています。現在では主に太陽表面の観測に基づいて専門家が経験的に判断していますが、将来的には地球磁気圏のシミュレーションを活用して精度を上げることが期待され、研究も進んでいます。

本章では、シミュレーションの活用が比較的進んでいる地震学の分野の様子について説明した後、地球科学におけるシミュレーション研究の今後の展望を述べていきたいと思います。

地震を表す数式

第2章で、気象や気候を表す数式について説明しました。同様に、地震を表す数式、というのも存在します。「(力)＝(重さ)×(加速度)」という、ニュートンの運動方程式が基礎になっている点は同じですが、対象になっているのが大気や海洋のような流体ではないため、数式中の「力」の表し方が違ってきます。

図8・1｜弾性体の例：消しゴム

地震学の分野では、地球を構成する物質を、力を加えるとゆがんだりひしゃげたり引き延ばされたりする「弾性体」として扱います。流体は、力を加えても別にゆがむことはないので、弾性体ではありませんね。身近なところだと、消しゴムなどは弾性体といえます（図8・1）。消しゴムを無理矢理ゆがめた状態で止めると、ゆがみの大きさに応じて消しゴムの一部に力がかかることが想像できるでしょう。この、ゆがみに応じてかかる力を応力と呼び、この応力が弾性体に対するニュートンの運動方程式の力にあたります。

この運動方程式に、ゆがみが大きいほど応力も大きい、という関係を示したフックの法則と呼ばれる関係式を加えたものが、弾性体の振る舞いを表す数式、すなわち地震を表す数式です。この数式を離散化（第2章参照）し、コンピュータプログラムに書き直したものが、地震のシミュレーションモデルです。

緊急地震速報から震源の特定まで

「ティロントロン、ティロントロン」という緊急地震速報の警報音を聞くと、条件反射的に身構えてしまう人は多いのではないでしょうか。ちなみに警報音にはいろいろとパターンがあるようですが、ＮＨＫで使われているものをウェブサイトで聞くことができます。[1]「ティロントロン」はこの警報音を文字で表現したつもりなのですが、

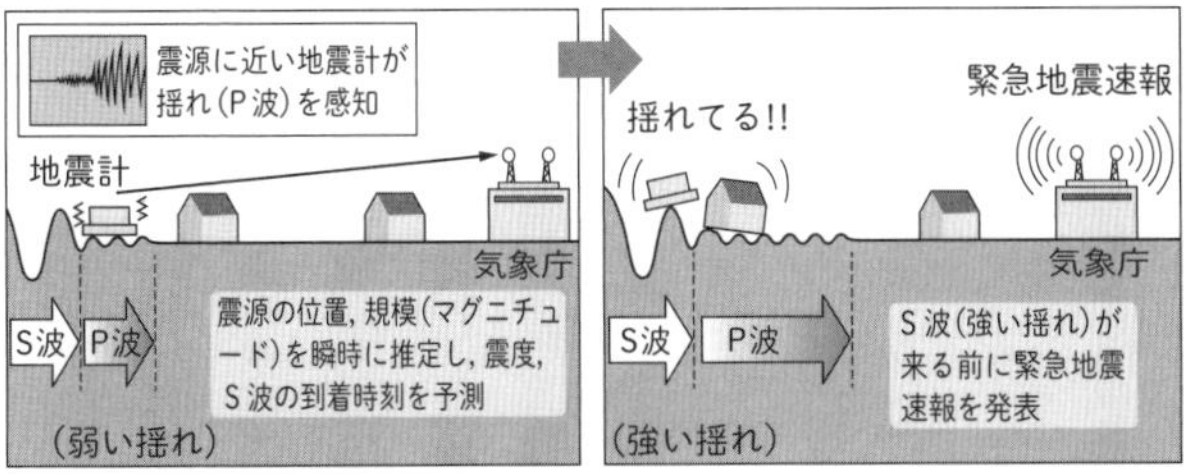

●速度　P波：秒速約7km　S波：秒速約4km

図8・2｜緊急地震速報の仕組み。気象庁ウェブサイト（http://www.data.jma.go.jp/svd/eew/data/nc/shikumi/shikumi.html）をもとに作成

なかなか難しいですね。

緊急地震速報は、地震の揺れが2通りの波になって伝わるという性質を利用します。1つ目の波はP波と呼ばれ、揺れそのものは大きくありませんが、毎秒約7キロメートルと速い速度で伝わります。私たちが地震として感じる揺れには、S波という名前がついており、伝わる速度は毎秒約4キロメートルとP波より遅いのです。そのため、P波を観測してから急いで警戒を呼びかければ、本格的な揺れが来る前にある程度の備えができるというわけです。図7・2は、緊急地震速報の仕組みを図解したものです。

緊急地震速報の基盤となるデータベースには、さまざまな震源地を想定してシミュレーションで計算されたP

1　http://www.nhk.or.jp/sonae/bousai/ で聞けます

波とS波の伝わり方が格納されています。全国に1000か所以上設置されている地震計のうち、震源付近の数個の地震計で、P波に相当する微小な揺れが観測されると、システムがこのデータベースを検索し、P波の伝わる様子が似ているケースを選び出し、そのシミュレーション結果に基づいてS波の振幅や伝わり方を瞬時に予測します。この予測結果が、一般市民に緊急地震速報として伝えられるのです。

しかし一方、緊急地震速報ではごく少数の地震計のデータに基づいて予測を行なうため、誤差が大きくなってしまいます。そのデメリットよりも、少しでも早く地震への警戒を呼びかけるメリットが大きいために、こうしたシステムが整備されているわけですが、震源の特定にはもう少しだけ時間をかけることができます。緊急地震速報のときよりもっと多くの地震計からデータを集め、前述のデータベースを用いて震源の特定を行ないます。

震源の位置が特定されれば、同時に津波の恐れの有無についても判断できます。津波の予報にもシミュレーションが使われています。ただし、津波は流体現象なので、基礎となる数式は地震よりも大気や海洋のシミュレーションモデルに似たものになります。地震のときと同様、シミュレーション結果のデータベースをつくっておき、観測されたデータに適合するケースを選び出して予報にします。こうした一連の作業は地震発生の2分後には完了し、震源の位置と津波の有無について、メディアを通じて一般市民まで情報が伝達されるのです。

地震の科学的理解に向けて

前節では、私たちが普段生活していて直接目に触れるところで、地震のシミュレーションがどのように使われているのかについて見てきました。一方で、どう役立つかどうかはある程度、度外視して、地震という現象そのものを理解するための研究にもシミュレーションは使われます。これは大気や海洋に関するシミュレーションと同様です。ここでは、２０１１年3月11日に発生し、1万５０００人以上もの人命を奪った東北地方太平洋沖地震が、東北沖の海底の構造をどのように変えたかを調べた研究を紹介します。

宮城県沖では、２０１１年以前から、30～40年おきに大きな地震が繰り返し起きていました。大きな地震といっても、M（マグニチュード）7程度のもので、M9の東北地方太平洋沖地震とはエネルギーが1000倍近くも違います。30～40年周期の1つ前の地震がM7・4の1978年宮城県沖地震で、そのときでも死者は30名近くになり、建物の全半壊は7400戸といわれ、大きな被害が出ているので、M9の東北地方太平洋沖地震がいかに桁違いの地震だったか、あらためてわかります。

これだけ桁違いの地震が起こると、海底地盤の構造もすっかり変わってしまい、30～40年といわれてきた周期にも影響があるのではないでしょうか。海洋研究開発機構（JAMSTEC）の中田博士らは、この問題にシミュレーションモデルを使って取り組みました。

地球表面を覆う複数のプレートは、お互い異なった進行方向や速さで移動することでせめぎあい、変形します。こうして引き起こされたかたちのゆがみが蓄積されたものは、ひずみと呼ばれます。そのひずみに耐え切れなくなったときに地震が起こるということはご存じの方が多いと思います。

中田博士らが、東北地方太平洋沖地震の発生とそのプレートの動きのシミュレーションを試みたところ、M9・1と現実のものに近い地震を再現することに成功しました。

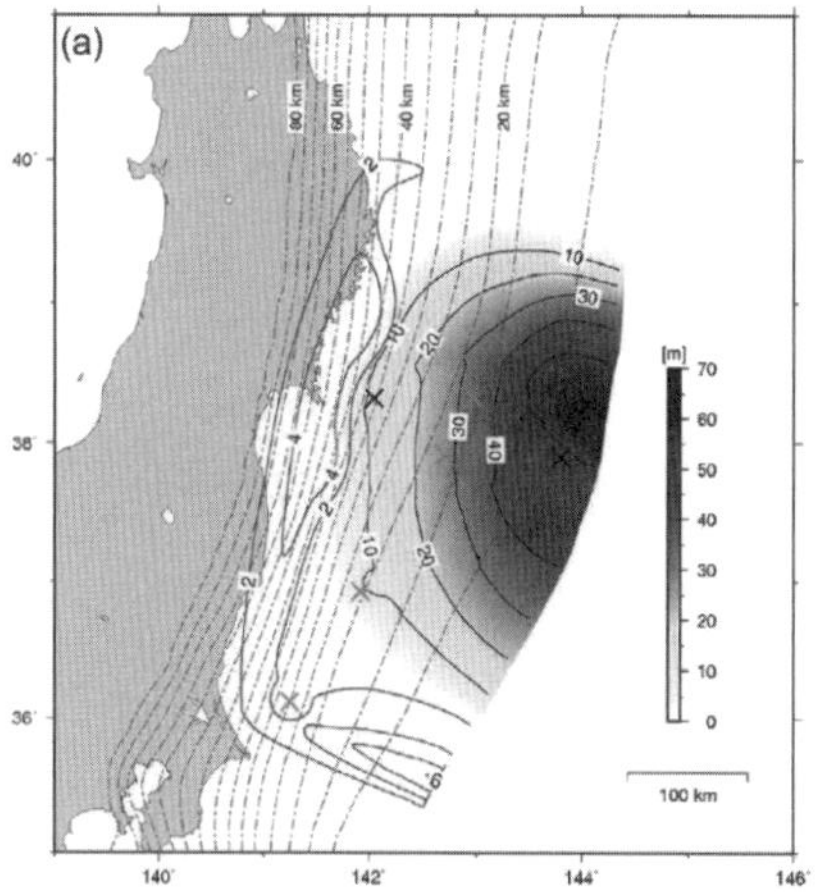

図8・3｜シミュレーションで得られた、M9.1の地震による滑りの分布。暖色系で示したところが地震直後の大きな滑りを、青い等値線で示したところが3年ほどかけてゆっくりと動く余効滑りを表している。図の出典：中田ほか（2016）

その結果を見ると、地震直後に震源近くでプレートのゆっくりとした滑りが続いていることがわかったのです（図8・3、口絵7）。

こうしたゆっくりした動きは余効《よこう》滑りと呼ばれます。地震直後の大きな滑りは蓄積したひずみを解放する方向に働きますが、余効滑りはむしろプレートをひずませ、応力のため込みを加速する方向に働くことがあります。このため、M9程度の地震が起こった後、次にM7程度の地震が発生するまでの期間は、これまでの30～40年より短くなる可能性が高いことが明らかになったのです。

ここで注意しておかないといけないことは、プレートの変形のしやすさを示す弾性定数という量の分布が、すべてわかっているわけではない、という点です。弾性定数が詳しくわかっていないと、応力に耐えられる臨界値も一つに決めることはできません。そのため中田博士らは、弾性定数の分布を何通りにも仮定し、そのなかで121のケースについて、現実に近い結果を得ました。それらのケースについて、M9クラスの地震の後の様子を調べたところ、次のM7クラスの地震までの期間が30〜40年より長くなるケースよりも、短くなるケースのほうが多いことがわかったため、「短くなる可能性が高い」という結論になったのです。「短くなる」と断定するのではなく、「可能性が高い」と、少し含みをもたせたような表現になっているのは、そのためです。

このように、シミュレーションを行なうのに必要な情報がすべて得られているわけではないときに、現実的な範囲でいろいろ仮定して多数の実験を行なうという手法は、大気海洋の分野でもよく使われます。

また、ここでの対象は、第3章で出てきたカオスとは性質が異なりますが、それでも、天気予報などで用いられるアンサンブル実験に似ているような気もします。少しくらい分野が違っても似たようなアプローチをとれるのは、シミュレーションを用いた研究の特徴かもしれません。実際、例えば、第3章で触れたデータ同化の手法は、天気予報のみならずシミュレーションを行なう多くの分野で導入が進んでおり、それ自体が一つの研究分野として急速に発展しています。

地震の予知

「地震が発生してから震源の位置や津波の有無を判断するのではなく、発生そのものを予知することはできないのか」という疑問は、当然湧いてくると思います。結論からいうと、地震がいつ、どこで、どのくらいの大きさで起こるかを精度よく予知することは、現時点では無理です。将来的には東海地震などは予知できる可能性はあるものの、それも非常に難しいと考えられています。

地震は、たまった応力にプレートが耐え切れなくなったときに起こる「破壊現象」です。この破壊現象が起こる「瞬間」をピンポイントで知るためには、プレートを構成する物質や形状を広い範囲にわたってくまなく把握する必要があります。そのために気象庁や研究者が観測網の強化に力を注いでいますが、それでも十分な情報を得ることは難しいのが実情です。

破壊現象の瞬間は、人間が外から条件を設定したシミュレーションならば特定することは当然できます。ただそれは、「現実の条件がこれとまったく一緒であればそうなる」という結果にすぎず、現実の条件は詳しくはわかっていないのですから、シミュレーション結果に基づいて予知情報を社会に発信するわけにはいきません。

結局、これから起こる地震に関しては、「〇〇地方で今後30年間のうちに震度〇以上の地震が発生する確率は〇〇%」といった大まかな予測しかできず、一般市民としては普段から災害に対する備えをしっかりしておくのが大切、というのが結論になってしまいます。

なおもう一つ、予知の対象となる自然災害として火山噴火があります。2000年の有珠山噴火は、予知が的中し周辺住民が全員避難していたため被害が最小限に食い止められた成功例として有名です。

ただしこれは経験則による予知で、シミュレーションモデルを用いたものではありません。有珠山は周期的な噴火を繰り返し、データも十分蓄積していたため、噴火予知のしやすい火山といわれています。

日本にはほかにもたくさんの火山があり、最近では2014年の御嶽山噴火で多数の死者が出ていることからもわかるとおり、火山噴火の予知体制が確立されている、とはいい難い状況です。

他方で火山に関しては、マグマの上昇過程をシミュレートして科学的理解を得たり、溶岩の流動や火山灰の拡散を予測したりといった方面で、シミュレーションモデルの活用が進んでいます。シミュレーションモデルを火山噴火予知に活用する時代も、将来的には来るかもしれません。

シミュレーション地球科学

数値シミュレーションモデルを用いた研究は多くの科学分野で行なわれており、それらを分野横断的に計算科学と総称しています。物理や化学などの分野では、計算科学は理論や実験に続いて現れた「第3の科学」という言い方をされることがあります。本書では、大気や海洋に関する分野を中心に、地球科学におけるシミュレーションの活用についてみてきました。意外に思う読者もいるかもしれませんが、紙と鉛筆を道具に数学を駆使する理論研究は、地球科学でも存在します。また実験については、(もちろん地球科学の分野でも実験を行なうことはあるのですが)「実験」を「観測」に置き換えた方がしっくりくるかもしれません。

ともあれ地球科学にとっても、シミュレーションは理論、観測と実験、に続く第3の科学として、分野を構成する柱の一つとして考えてよいでしょう。この節以降では、シミュレーションを道具にした地球科学を「シミュレーション地球科学」と呼ぶことにし、その発展方向と地球科学全体へのインパクトを展望していきます。

地球科学以外の分野も含め、計算科学に関係する分野全体の将来構想をまとめた「計算科学ロードマップ」という文書があります。[2]「今後のHPCIを使った計算科学発展のための検討会」という長い名前のグループ(以下では単に検討会と書きます)が作成したものです。名前のなかの〝HPCI〟というのはHigh Performance

Computing Infrastructureの略で、「高性能計算の基盤」を意味します。この検討会は、第1章で紹介したスーパーコンピュータ「京」や、その後継機に向けてのビジョン作成に関わってきた人たちが母体になっています。

ただ、そうした何千億円もの費用がかかる巨大な国家プロジェクトに関する構想をまとめるためには、時間的制約など考慮すべき事柄が多く、科学的な意義以外にもいろいろな要素を勘案する必要があります。そこで、一度そこから離れ、純粋に研究としての必要性から、今後10年程度を見据えた計算科学の方向性を議論しよう、という趣旨で、文部科学省から日本のＨＰＣＩ運営に関する委託を受けた理化学研究所計算科学研究機構（神戸）の呼びかけで検討会が結成されました。筆者もメンバーの一人です。この文書には大気や海洋、地震、津波の分野で、今後の発展のために必要な大規模計算とはどういうものか、という内容が含まれています。

また、科学者の国会といわれる日本学術会議が２０１４年にまとめた「理学・工学分野における科学・夢ロードマップ」（以下では単に、科学・夢ロードマップと書きます）

2　http://hpci-aplfs.aics.riken.jp/roadmap_201403.html から誰でもダウンロード可能。

という文書でも[3]、シミュレーション地球科学の将来展望に記述を割いています。こちらのほうは２０４０年代までの見通しが記されているので、先ほどの「計算科学ロードマップ」よりも遠い将来のことまで含んでいます。

両文書とも、専門外の人にも読んでもらうことを想定して書かれたものではありますが、そうはいっても読みこなすには時間がかかるでしょうから、内容をここで簡単に、シミュレーション地球科学に関連の深い部分をピックアップして紹介したいと思います。

解像度の向上

第2章で述べたように、シミュレーションモデルでは地球を細かく区切ったマス目ごとに気温などの計算を行ないます。このときのマス目の大きさを解像度と呼びます。解像度が高くなれば、つまりマス目がより小さくなれば、大気や海洋の流れをよりきめ細かく再現できるようになり、またマス目より小さいスケールの現象を経験則で表す必要もなくなります。というわけで、解像度は高いに越したことはないのですが、あまりに高いと計算量が増え、最先端のスーパーコンピュータでも太刀打ちできないことになってしまいます。

ではいったい、どこまで解像度が高くなれば十分といえるのでしょうか。前出の計算科学ロードマップでは、2キロメートルの解像度で100年程度の気候変化予測ができるようになること、100メートルの解像度で1週間〜1か月程度の気象予測計算ができること、を一つの区切りとして挙げています。最初の2キロメートルというのは、熱帯の対流活動やそれに引き続く雲の形成が、経験則に頼らずある程度、直接に表現できるようになる解像度です。また次の100メートルというのは、渦や対流が担っている役割と関係しています。第2章で、渦は大気や海洋を混合する働きがあることを説明しましたが、100メートルまで解像度が高くなれば、渦による混合を精度よく表せるようになるうえ、熱帯の対流活動もさらに正確に表現できるようになります。

こうした解像度の向上を達成するためには、「京」の後継機でもまだ足りないくら

3 http://www.scj.go.jp/ja/info/kohyo/kohyo-22-h201.html からダウンロード可能。

いの膨大な計算量が要求されます。そのような問題を補うため、計算科学ロードマップでは、第3章で出てきた領域モデルで解像度を効率的に上げる必要性も指摘しています。こうした解像度が達成されれば、現時点では難しい局所的集中豪雨の予報も可能になり、第5章で触れた地球温暖化予測における雲の不確実性の問題などについても前進がもたらされることが期待できます。

データ同化手法の高度化とアンサンブル予報の拡充

計算科学ロードマップではさらにデータ同化について、高解像度化に応じた手法の効率化や、大気汚染物質の濃度など、これまであまりデータ同化が適用されてこなかった分野でも取り組みを進め、予測に役立てる方向性が示されています。ある国で起こった大気汚染が、流れに乗って国境を越え、別の国に影響を及ぼすことを越境汚染といいますが、この問題は国際問題にも発展しかねないため、予測情報のもととなるシミュレーションも丁寧に行なう必要があります。現在、ＰＭ２・５（大気中の微粒子）や黄砂などの飛来予想が天気予報などで発信されていますが、よりきめ細やかで正確な予報につながると期待できます。

また、アンサンブル予測のメンバー数を増やすことも大事です。特に集中豪雨などの極端現象については、事前の予測が難しいのですが、メンバー数を増やすことで、確率の低い異常な天候が、前々の時点から予測ができるようになるかもしれません。例えば、第7章に出てきたエルニーニョ予測では、いまのところ、エルニーニョが発生するとか終わるとかいった情報が主ですが、メンバー数を増やすことで、エルニーニョのために日本に極端現象（第6章参照）が発生する可能性が高くなっているかどうか、といった予測ができる日が来るかもしれません。

地震 連成シミュレーション

一方、地震や津波について、計算科学ロードマップで課題として挙がっているのは、「マルチフィジックスシミュレーション」です。強いて訳せば「多物理シミュレーショ

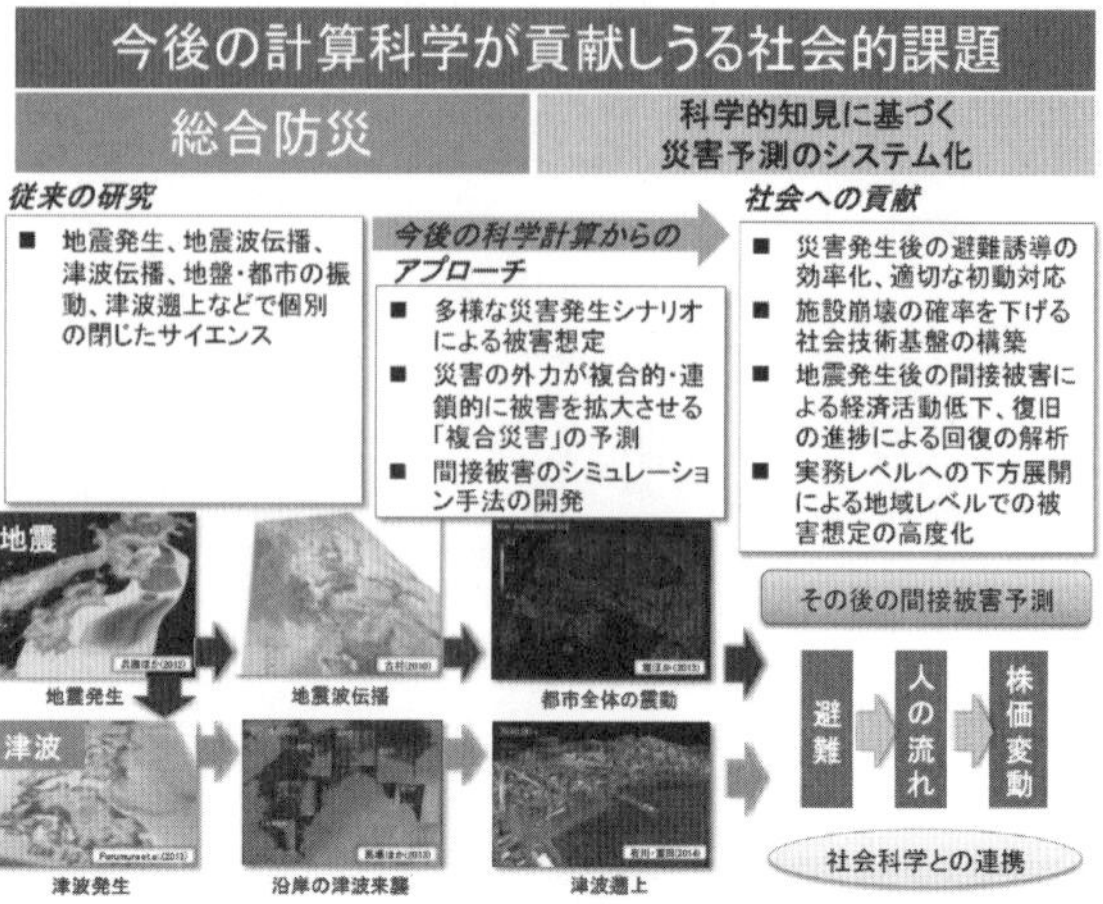

図8・4｜計算科学ロードマップに記された地震・津波総合防災の方向性

ン」でしょうか。

これまでは、地震発生、地震波と津波の伝播、地盤の振動と建物への影響、また津波が陸上を遡上する様子などは、別々の分野の問題とみなされ、個別にシミュレーションモデルの開発が行なわれてきました。もちろん、地震発生のモデルで得られた揺れの規模などの出力データを、地震波の伝播モデルの入力データとして与える、といったかたちでそれぞれのモデルに関係をもたせることは可能ですが、先ほど紹介した東北地方太平洋沖地震のシミュレーションのように、弾性定数の分布を100通り以上も仮定する場合には面倒です。

そこで図8・4のように、これらの個別

モデルをつなげて、一つの大きなシミュレーションモデルのように扱い、一方の出力を他方の入力としてスムーズに扱えるようにしよう、というのがマルチフィジックスシミュレーションです。

こうしたシミュレーションができれば、例えば、遠い昔の津波が陸上へ運んできた堆積物の分布などから、元の地震の規模や震源などをある程度の精度で逆算することが可能になります。過去に起こった大きな地震の様子が、津波の遡上まで通してわかれば、建造物に必要な強度の評価や、人々の避難ルートの想定に役立てることができます。

また、ある災害が連鎖反応的に次の災害を引き起こす「複合災害」についても、予測する能力が向上すると思われます。東北地方太平洋沖地震の後、津波が来襲して石油備蓄タンクなどを破壊し、流れ出した油によって大火事が発生しました。こうした複合災害を予見するためにも、マルチフィジックスシミュレーションは役立つと考えられます。

複合災害を想定するときには、地震で地盤が緩んでいたところに集中豪雨が発生し、土砂崩れにつながるといった、気象災害との連鎖も考慮すべきでしょう。マルチフィジックスシミュレーションの構成要素として、気象モデルが活躍する日が来るかもしれません。

人と地球と宇宙のシミュレーション

科学・夢ロードマップでも、高解像度化やデータ同化技術の重要性が強調されています。加えて、対象とする期間が長いため、「人・地球・宇宙システムモデル」など気宇壮大な構想も語られています（図8・5）。

地球温暖化予測に関しては、人間がどれだけ二酸化炭素を排出するかや、農地や都市の拡大などで地表面の様子がどう変わっていくかなども考慮に入れる必要があるので、経済活動をモデル化して地球システムモデルと結合するようなモデル開発が進みつつあります。温暖化対策のため導入が検討されている炭素税のかけ方いかんでは、森林伐採の予想に大きな違いが出てきて地表面の様子が変わり、政策的な温暖化対策とはまた別のルートで地球環境に影響がある、といった研究結果も報告されています。

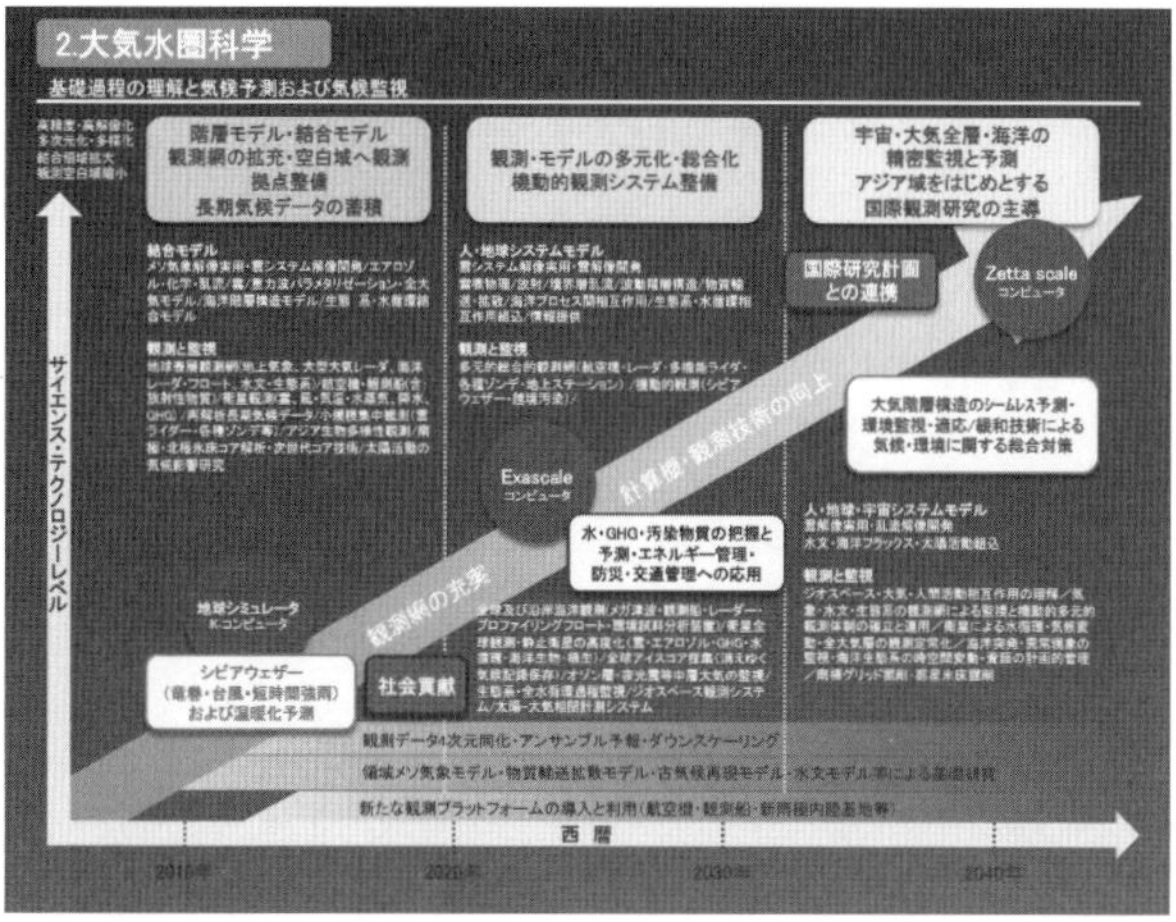

図8・5 ｜ 「理学・工学分野における科学・夢ロードマップ」（2014年度版）で示された、地球惑星科学の方向性

このように、地球システムモデルで、生態系や化学反応の記述をより詳細にしたり、人間活動などこれまで組み入れられていなかった要素を加えたりして、より複雑な過程を扱い、多様な情報を出力できるようにするモデル開発も盛んになってきています。こうした発展方向は、先に触れた高解像度化やアンサンブルメンバー数増加と並び、計算機の能力向上を生かすための3本柱の一つです（図8・6）。

2040年代にはさらに、本章冒頭で触れた地球磁気圏など宇宙空間のシミュレーションモデルも組み入れて、太陽や人間の活動と地球環境との相互作用を一

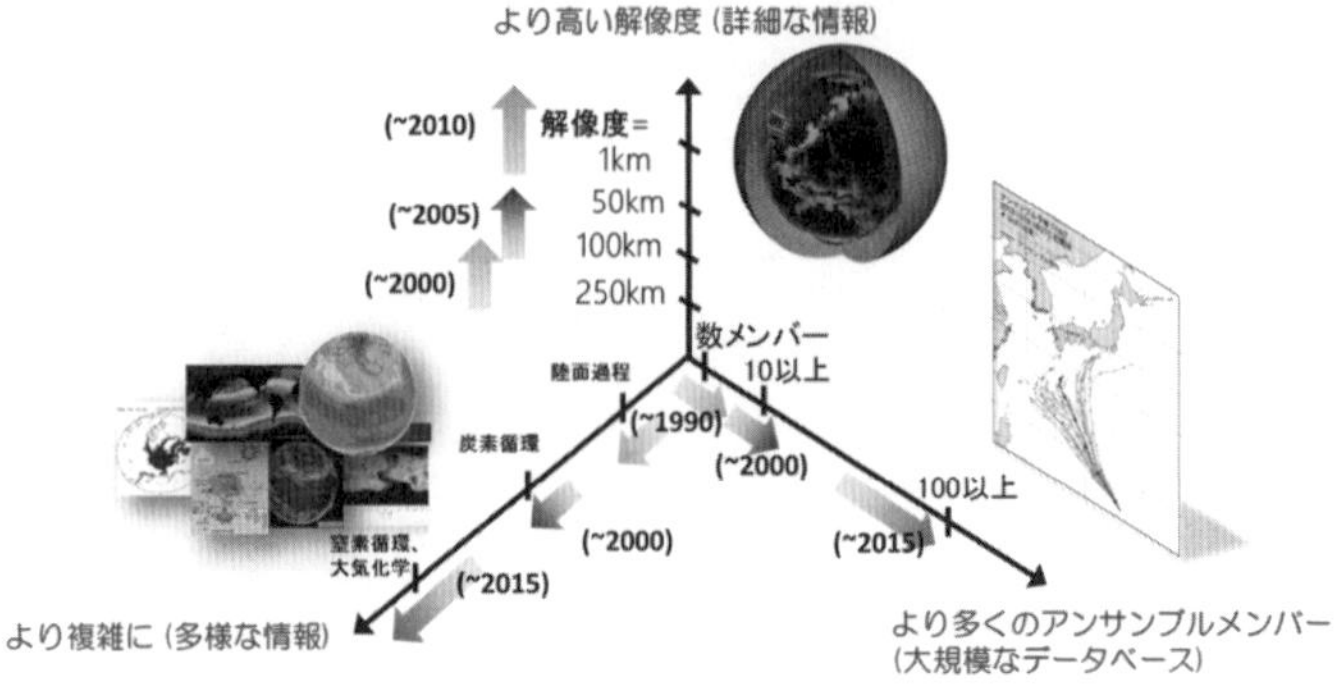

図８・６｜計算機の能力向上とあいまったモデル発展の方向性３軸。カッコの中の数字は、座標軸上の項目が達成されたおおよその年代を示す。図の提供：渡部雅浩教授

気通貫でシミュレーションにより再現できる、人・地球・宇宙システムモデルの開発が進んでいるはず、というのが科学・夢ロードマップの想定です。気候モデル開発に関わる研究者らにとっては、まさに夢のシミュレーションモデルといえるでしょう。

また、地球そのものに関しても、温暖化が進んで何千年も時間が経つと、氷床（第4章参照）が縮小して分布がすっかり変わってしまい、さらにその影響で氷床を支えていた陸面が隆起して海岸地形も変形する、といったプロセスを詳しく調べるためには、地震学などの固体地球科学分野で開発が進むシミュレーションモデルとの連携も必要かもしれません。そしてすっかり変わって

しまった地球で、第4章で出てきた氷期―間氷期のサイクルがどうなるか、などといった問題は、古気候シミュレーションで得られた結果との比較を通して検討が進められるでしょう。

遠い先を見通そうとするこうした研究は、温暖化対策の政策へのアドバイスにはつながりにくく、あまり役に立たないかもしれません。しかし、宇宙や固体地球も含んだ壮大な地球システムモデルを使って、遠い将来の予測と大昔の気候の再現とを組み合わせ、人間という生物の存在が地球史上でどういった役割を果たしているか、という問いの答えを探していくことは、シミュレーション地球科学に課せられた、案外大事な使命ではないかと筆者は考えています。

参考文献

Ryoko Nakata, Takane Hori, Mamoru Hyodo, and Keisuke Ariyoshi (2016) Possible scenarios for occurrence of M ~ 7 interplate earthquakes prior to and following the 2011 Tohoku- Oki earthquake based on numerical simulation, *Scientific Reports*, 6:25704 doi: 10.1038/srep25704.

あとがき

本文中で、「気象や海洋の分野でシミュレーションに携わる人たちはとても働きもの」という旨を書いた部分がありますが、筆者は例外のようです。最初に本書の執筆の話をいただいてから、怠けているうちにまる4年が経ってしまいました。その間、地球の運動を支配する法則についてはもちろん変化はないのですが、一般の方々の地球環境に対する見方を変えるような出来事も起こったように思います。

特に、本書の執筆も終わりに近づいた2018年6月の終わりから7月初めにかけては、「平成30年7月豪雨」が発生しました。これまでにない広域かつ長期の豪雨で200人以上の死者が出て、豪雨に見舞われた地域だけでなく、日本全体に衝撃を与えました。犠牲になった方々を悼むとともに、被害にあわれた地域の一日も早い復興を祈ります。

そしてこの豪雨の背景として、多くの専門家が挙げていたのが、地球温暖化です。本書でも述べたように、一連の異常気象が地球温暖化だけのせい、と断定することはできないのですが、それでも、こうした特異な事態が発生する確率を引き上げる要因になっている、という点では、多くの専門家の意見が一致しています。地球環境がたしかに変わってきている、という実感は、ここ数年で社会に広まったような気がします。

地球温暖化予測モデルでは、豪雨の発生頻度が上がることはある程度予測されていました。また大きな被害が出る前から、天気予報のシミュレーションモデル結果などに基づいて気象庁が会見を開き、事態の深刻さを伝えていました。それでも多くの犠牲者が出てしまったことについて、シミュレーションモデル開発に携わる研究者の端くれとして無力を感じるとともに、シミュレーションによる予測がもつ意味について、一般の方々に向けて丁寧に説明していくことが大事なのではないか、と思うようになりました。

地球科学の分野で観測に携わる知り合いから、「シミュレーションなんて、実際に手に取って感触を確かめられるモノとか、現場で実感できるデータがなくてつまらないし、よくわからない」といった批判を受けることがあります。そうした側面も実際にありますが、自分なりの地球観をもって観測された事実を統合し、シミュレーションモデルの精度を高めて諸問題に適用していくことの意義を、本書で少しでも伝えられたら嬉しく思います。

最後になってしまいましたが、本書の執筆に際しては多くの方々の協力や助言をいただきました。東京大学の渡部雅浩教授と森正人助教、海洋研究開発機構（ＪＡＭＳＴＥＣ）の土井威志研究員には専門家の立場で原稿を読んでもらい、適切なコメントや図の提供をいただきました。ＪＡＭＳＴＥＣの堀高峰グループリーダーには、地震学など固体地球科学の分野でシミュレーションがどのように使われているか、丁寧に教えていただきました。加えて、気象庁や情報通信研究機構のウェブサイトからは、本書を書くうえで必要な多くの情報を得ることができました。また、ベレ出版の永瀬敏章さんは、筆の遅い筆者を絶妙なタイミングでしばしば励ましてくれるとともに、非専門家としてわかりやすさの観点から数々の助言をくださいました。お世話になった方々にこの場を借りてお礼を申し上げます。そして家族には、普段から活力をもらっています。執筆を集中して進める時期には、週末に出かけることもままならず迷惑をかけましたが、寛大に理解してもらったことに感謝しています。なお、本書の内容に間違いがあれば、すべて筆者の責任ということは確認しておきます。

2018年7月　河宮　未知生

さくいん

著者略歴

河宮 未知生（かわみや みちお）

1969年、名古屋市生まれ。
東京大学理学部地球惑星物理学科卒業。同大学院理学系研究科博士課程修了。
東京大学気候システム研究センター研究員、ドイツ・キール大学海洋学研究所研究員などを経て、現在、海洋研究開発機構 上席研究員、文部科学省技術参与。

シミュレート・ジ・アース 未来《みらい》を予測《よそく》する地球科学《ちきゅうかがく》

2018年10月25日　初版発行

著者	河宮《かわみや》 未知生《みちお》
DTP	WAVE 清水 康広
校正	曽根 信寿
図版	藤立 育弘（図 1.2、1.5、2.1、2.5、2.6、3.5、3.7、4.1、4.3、5.1、5.3、6.3、6.7、6.10、7.1、7.2、7.5、8.2）
カバーデザイン	図工ファイブ 末吉 亮
発行者	内田 真介
発行・発売	ベレ出版 〒162-0832 東京都新宿区岩戸町12 レベッカビル TEL.03-5225-4790 FAX.03-5225-4795 ホームページ http://www.beret.co.jp/
印刷	三松堂株式会社
製本	根本製本株式会社

落丁本・乱丁本は小社編集部あてにお送りください。送料小社負担にてお取り替えします。

ISBN 978-4-86064-562-5 C0044　　編集担当　永瀬敏章